MATLAB
与测绘数据处理

王建民　谢锋珠　编著

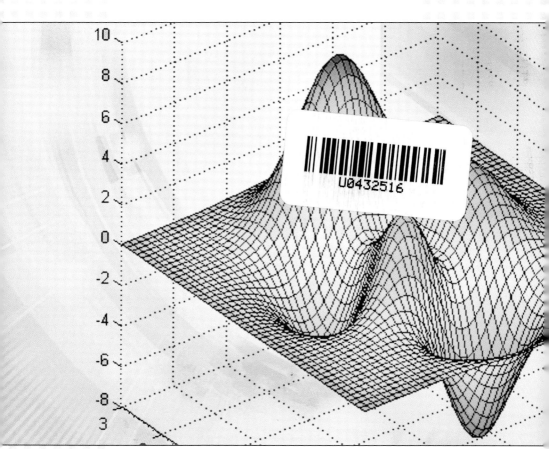

武汉大学出版社

图书在版编目(CIP)数据

MATLAB 与测绘数据处理/王建民,谢锋珠编著.—武汉:武汉大学出版社,2015.3(2025.1 重印)
ISBN 978-7-307-15139-0

Ⅰ.M… Ⅱ.①王… ②谢… Ⅲ.测绘—计算机辅助计算—Matlab 软件 Ⅳ.P209

中国版本图书馆 CIP 数据核字(2015)第 021784 号

责任编辑:胡 艳　　责任校对:汪欣怡　　版式设计:马 佳

出版发行:**武汉大学出版社**　(430072　武昌　珞珈山)
（电子邮箱:cbs22@whu.edu.cn　网址:www.wdp.com.cn）
印刷:湖北云景数字印刷有限公司
开本:720×1000　1/16　印张:15.25　字数:272 千字　插页:1
版次:2015 年 3 月第 1 版　2025 年 1 月第 8 次印刷
ISBN 978-7-307-15139-0　定价:35.00 元

版权所有,不得翻印;凡购我社的图书,如有质量问题,请与当地图书销售部门联系调换。

前　言

伴随着计算机编程语言的发展，测量数据处理软件也在不断的更新，以适应新的信息化要求。最早的平差软件由 Fortran 和 Basic 语言编写，并且是在 DOS 时代以命令行的形式来运行。目前以 C++、Java 为主流语言编写的数据处理软件，不仅适应 Windows 系统，并能在 Unix 下运行。测绘软件体系呈现规模化和系统化，是从事测绘事业的工程技术人员和科研人员贡献的结果。

编写测量数据处理程序，不仅要有扎实的测量数据处理理论知识和对编程语言的驾驭能力，还需要掌握数值计算方法，并能用相应的语言实现其算法。在测量平差计算中，需要进行大量的矩阵运算，比如矩阵求逆，开发者需要编写矩阵求逆独立程序，并反复调试，确保正确，类似的计算占据了整个程序代码很大的比例，借助 MATLAB 强大的数值计算能力和丰富的可视化表达方式，开放的程序接口能够极大地提高测量数据处理的效率和能力。

MATLAB 是 Matrix Laboratory 两个词的组合，意为矩阵工厂或矩阵实验室，其强大的矩阵运算能力很适合测量数据处理计算模型。MATLAB 功能强大、简单易学、编程效率高，它把科学计算、结果的可视化和编程集成在一起，深受广大科技工作者的欢迎。在欧美各高等院校，MATLAB 成为大学生、硕士生以及博士生必须掌握的基本技能。

本书主要由两大部分构成：

第一部分主要介绍 MATLAB 编程基础，由 6 个章节组成，重点讲述了与测量数据处理相适应的 MATLAB 基础知识、矩阵基本运算、方程组求解、插值和拟合、参数假设检验等数值计算方法，它们在测量数据处理中有着广泛的应用。第 1 章介绍 MATLAB 的特点、安装、开发环境，重点强调 MATLAB 基础指令和基础操作。第 2 章介绍 MATLAB 矩阵表示、运算，是后继章节的基础，其中矩阵运算、线形方程组求解是测绘数据处理的数学基础。第 3 章介绍基本的数值计算方法、基础的数据分析方法、缺失数据分析、数据求和、随机数据产生、假设检验，以及数值计算中的插值和拟合问题。第 4 章介绍 MATLAB 编程的控制语句、M 脚本文件和 M 函数文件的编写方法及基本的输入输出语句。第 5 章介绍 MATLAB 基本的二维和三维图形绘制方法。第 6 章介绍MATLAB可视化界面设计方法和常用控件的使用。

第二部分也由6个章节组成,介绍工程测量中常用测量数据处理方法。第7章介绍测量基础计算,有坐标正反算、图幅编号计算、导线平差。第8章主要介绍便于程序编写的间接平差原理、水准网平差及MATLAB程序设计。第9章介绍导线网平差及MATLAB程序设计。第10章介绍坐标换带和坐标转换及其MATLAB程序设计。第11章介绍常见的插值方法在测量数据处理中的应用。地统计插值方法近年在测量数据处理中得到重视和应用,第12章介绍了其基本原理和可视化程序设计方法。

本书未能全面系统地讲解MATLAB编程,着重讲述用MATLAB解决工程测量数据处理方面的程序编写,可作为测绘专业本科生学习测绘编程的教材或参考书籍。本书由王建民和谢锋珠编写,其中第1章,第5~6章、第11~12章由谢锋珠编写,其他章节由王建民编写。由于时间和水平有限,书中难免存在不少问题,恳请读者给予批评和指正。

作 者

2014年10月

目 录

第1章 MATLAB 简介 …………………………………………………………… 1
1.1 MATLAB 运行环境 …………………………………………………………… 2
　1.1.1 MATLAB 工具箱 ………………………………………………………… 2
　1.1.2 MATLAB 窗口 …………………………………………………………… 2
1.2 MATLAB 基础操作 …………………………………………………………… 7
　1.2.1 MATLAB 常用指令 ……………………………………………………… 7
　1.2.2 变量、运算符和表达式 ………………………………………………… 9

第2章 MATLAB 矩阵及其基本运算 ………………………………………… 12
2.1 矩阵的表示 …………………………………………………………………… 12
　2.1.1 数值矩阵的生成 ………………………………………………………… 12
　2.1.2 利用文件建立矩阵 ……………………………………………………… 13
　2.1.3 多维数组的创建 ………………………………………………………… 14
　2.1.4 符号矩阵的生成 ………………………………………………………… 15
　2.1.5 特殊矩阵的生成 ………………………………………………………… 16
2.2 矩阵运算 ……………………………………………………………………… 18
　2.2.1 算术运算 ………………………………………………………………… 18
　2.2.2 关系运算 ………………………………………………………………… 19
　2.2.3 逻辑运算 ………………………………………………………………… 20
　2.2.4 矩阵的转置与旋转 ……………………………………………………… 21
　2.2.5 方阵的行列式 …………………………………………………………… 22
　2.2.6 矩阵的逆与伪逆 ………………………………………………………… 23
　2.2.7 矩阵的秩与迹 …………………………………………………………… 24
　2.2.8 矩阵特殊运算 …………………………………………………………… 24
　2.2.9 矩阵大小和元素个数 …………………………………………………… 27
2.3 线性方程组的求解 …………………………………………………………… 28
　2.3.1 求线性方程组的精确解 ………………………………………………… 28

2.3.2 方程组的最小二乘解 ………………………………………………… 31
2.3.3 欠定方程组的通解 …………………………………………………… 32

第3章 数据分析与数值计算 …………………………………………………… 35
3.1 数据预处理 ………………………………………………………………… 35
3.1.1 处理缺失数据 …………………………………………………… 35
3.1.2 异常数据处理 …………………………………………………… 36
3.2 最大最小值 ………………………………………………………………… 37
3.2.1 求向量的最大值和最小值 ……………………………………… 37
3.2.2 求矩阵的最大值和最小值 ……………………………………… 38
3.2.3 两个向量或矩阵对应元素的比较 ……………………………… 38
3.3 数据求和(积) …………………………………………………………… 39
3.3.1 数据求和 ………………………………………………………… 39
3.3.2 数据求积 ………………………………………………………… 40
3.3.3 数据排序 ………………………………………………………… 41
3.4 随机数的产生 ……………………………………………………………… 41
3.4.1 正态分布的随机数据的产生 …………………………………… 41
3.4.2 常见分布的随机数产生 ………………………………………… 42
3.4.3 通用函数求各分布的随机数据 ………………………………… 43
3.5 随机变量的数字特征 ……………………………………………………… 43
3.5.1 平均值、中值 …………………………………………………… 43
3.5.2 期望和方差 ……………………………………………………… 44
3.5.3 协方差与相关系数 ……………………………………………… 45
3.6 假设检验 …………………………………………………………………… 46
3.6.1 U 检验法 ………………………………………………………… 46
3.6.2 t 检验法 ………………………………………………………… 47
3.6.3 χ^2 检验 ……………………………………………………… 48
3.6.4 F 检验 …………………………………………………………… 49
3.6.5 正态分布检验 …………………………………………………… 50
3.7 插值与拟合 ………………………………………………………………… 52
3.7.1 一维插值 ………………………………………………………… 52
3.7.2 二维数据插值 …………………………………………………… 54
3.7.3 griddata 插值 …………………………………………………… 57
3.7.4 数据网络化 ……………………………………………………… 58

3.7.5　多项式拟合 59
　3.7.6　曲线拟合工具箱 cftool 61

第 4 章　MATLAB 编程基础 65
4.1　控制语句 65
　4.1.1　循环结构 65
　4.1.2　分支结构 66
　4.1.3　try-catch 结构 68
4.2　M 文件 69
　4.2.1　M 脚本文件 69
　4.2.2　M 函数文件 70
4.3　MATLAB 的函数类别 72
　4.3.1　主函数与子函数 72
　4.3.2　函数句柄 73
4.4　MATLAB 的输入与输出语句 75
　4.4.1　输入语句 75
　4.4.2　输出语句 75
　4.4.3　错误消息显示命令 75

第 5 章　绘图与图形处理 76
5.1　二维基本图形的绘制 76
　5.1.1　基本平面图形命令 76
　5.1.2　绘制图形的辅助操作 82
5.2　三维图形 88
　5.2.1　绘制三维曲线的基本函数 88
　5.2.2　三维曲线、面 89
　5.2.3　三维等高线 91
5.3　通用图形函数 94
　5.3.1　图形对象句柄 94
　5.3.2　图形窗口的控制 97

第 6 章　用户界面 GUI 设计 100
6.1　图形用户界面设计工具 100
　6.1.1　界面设计工具和启动 100

6.1.2　图形用户界面设计工具 ·············· 102
　　6.1.3　用户界面控制 ······················· 106
6.2　控件对象及属性 ···························· 107
　　6.2.1　控件对象 ···························· 107
　　6.2.2　控件属性 ···························· 108
6.3　GUI 程序设计 ······························ 111
6.4　对话框设计 ································ 115
　　6.4.1　公共对话框 ·························· 115
　　6.4.2　MATLAB 专用对话框 ················· 117

第 7 章　测量基础计算及程序设计 ············ 121
7.1　角度与弧度互换 ···························· 121
　　7.1.1　角度转换为弧度 ······················ 121
　　7.1.2　弧度转换为角度 ······················ 122
7.2　坐标正反计算 ······························ 122
　　7.2.1　坐标正算及程序 ······················ 122
　　7.2.2　坐标反算及程序 ······················ 124
7.3　交会定点 ·································· 125
　　7.3.1　前方交会及程序 ······················ 125
　　7.3.2　后方交会及程序 ······················ 126
7.4　图幅编号计算 ······························ 127
　　7.4.1　地形图编号 ·························· 127
　　7.4.2　图幅编号计算程序 ···················· 129
7.5　普通导线简易平差及程序设计 ··············· 133
　　7.5.1　附合导线的简易平差 ·················· 133
　　7.5.2　附合导线程序设计 ···················· 136

第 8 章　高程控制网平差及程序设计 ·········· 150
8.1　间接平差基本原理 ·························· 150
　　8.1.1　参数求解 ···························· 150
　　8.1.2　精度评价 ···························· 152
8.2　水准网误差方程 ···························· 152
8.3　水准网平差程序设计 ························ 154
　　8.3.1　观测数据的组织 ······················ 155

8.3.2　水准网平差 MATLAB 代码 ·· 157

第 9 章　导线网平差及程序设计 ··· 161
9.1　导线网误差方程的列立 ·· 161
　　9.1.1　边长观测误差方程 ·· 161
　　9.1.2　方向观测值误差方程的列立 ·· 162
　　9.1.3　误差方程式的改化 ·· 164
9.2　平面网误差椭圆 ·· 165
　　9.2.1　位差的极值与极值方向 ·· 165
　　9.2.2　误差椭圆 ··· 166
9.3　导线网平差数据组织 ·· 167
　　9.3.1　数据文件组织 ·· 167
　　9.3.2　导线网平差程序主要变量 ··· 168
　　9.3.3　导线网平差代码 ··· 169
　　9.3.4　导线网平差算例 ··· 182

第 10 章　坐标换带、转换及程序设计 ······································ 184
10.1　坐标换带及程序设计 ·· 184
　　10.1.1　坐标换带方法 ··· 184
　　10.1.2　坐标换带程序设计 ··· 186
10.2　坐标转换及程序设计 ·· 192
　　10.2.1　七参数坐标转换模型 ·· 193
　　10.2.2　七参数转换程序设计 ·· 195
　　10.2.3　四参数坐标转换模型 ·· 198
　　10.2.4　四参数转换程序设计 ·· 199

第 11 章　空间插值及程序设计 ··· 201
11.1　空间插值概述 ··· 201
　　11.1.1　空间插值的分类 ·· 201
　　11.1.2　插值方法选择的原则 ·· 203
11.2　常用空间插值方法 ··· 204
　　11.2.1　最近邻法 ··· 204
　　11.2.2　算术平均值 ·· 205
　　11.2.3　距离反比插值 ··· 206

11.2.4 全局多项式插值 ……………………………………………………… 210
11.2.5 局部多项式插值 ……………………………………………………… 213

第12章 变形观测分析、预报及程序设计 …………………………………… 218
12.1 变形观测分析与预报概述 …………………………………………… 218
12.1.1 静态变形分析 ………………………………………………………… 218
12.1.2 动态变形分析 ………………………………………………………… 218
12.1.3 变形预测 ……………………………………………………………… 219
12.2 监测数据线性回归分析法 …………………………………………… 219
12.2.1 一元线性回归模型 …………………………………………………… 219
12.2.2 多元线性回归模型 …………………………………………………… 221
12.3 监测数据非线性曲线预测模型 ……………………………………… 224
12.4 时间序列预测常用方法 ……………………………………………… 226
12.4.1 一次指数平滑法 ……………………………………………………… 226
12.4.2 二次指数平滑法 ……………………………………………………… 230

参考文献 …………………………………………………………………… 233

第1章 MATLAB 简介

MATLAB 是 Matrix Laboratory 两个词的组合，意为矩阵工厂或矩阵实验室。它是由美国 Mathworks 公司发布的，主要面对科学计算、结果的可视化以及交互式程序设计的高科技计算环境。它将数值分析、矩阵计算、科学数据可视化以及非线性动态系统的建模和仿真等诸多强大功能集成在一个易于使用的视窗环境中，为科学研究、工程设计以及必须进行有效数值计算的众多科学领域提供了一种全面的解决方案，并在很大程度上摆脱了传统非交互式程序设计语言（如 C、Fortran）的编辑模式，代表了当今国际科学计算软件的先进水平。

MATLAB 功能强大、简单易学、编程效率高，深受广大科技工作者的欢迎。在欧美各国高等院校，MATLAB 已经成为大学生、研究生、博士生必须掌握的基本技能。

MATLAB 的特点主要有以下几方面：

1. 数值计算和符号计算

MATLAB 的数值计算功能包括矩阵运算、多项式和有理分式运算、数据统计分析、数值积分、优化处理等。

2. 图形处理

MATLAB 提供了两个层次的图形命令：一种是对图形句柄进行的低级图形命令，另一种是建立在低级图形命令之上的高级图形命令。利用 MATLAB 的高级图形命令，可以轻而易举地绘制二维、三维乃至四维图形，并可进行图形和坐标的标识、视角和光照设计、色彩精细控制等工作。

3. 工具箱

MATLAB 的一个重要特色就是具有一套程序扩展系统和一组称之为"工具箱"的特殊应用子程序。工具箱是 MATLAB 函数的子程序库，每一个工具箱都是为某一类学科专业和应用而定制的，主要包括信号处理、控制系统、神经网络、模糊逻辑、小波分析和系统仿真等方面的应用。

4. 程序接口

新版本的 MATLAB 可以利用 MATLAB 编译器和 C/C++ 数学库和图形库，

第1章 MATLAB 简介

将自己的 MATLAB 程序自动转换为独立于 MATLAB 运行的 C 和 C++代码。允许用户编写可以和 MATLAB 进行交互的 C 或 C++语言程序。另外，MATLAB 网页服务程序还允许在 Web 应用中使用自己的 MATLAB 数学和图形程序。MATLAB 还可以实现和 VC++、VB、C#混合编程。

1.1 MATLAB 运行环境

MATLAB 只有在适当的外部环境中才能正常运行。在 PC 机上安装 MATLAB 时，需要注意正确选取 MATLAB 组件。

1.1.1 MATLAB 工具箱

具体安装由安装向导来完成，应注意的是，在安装过程中，安装向导会提示用户选取要安装的组件，其中必须选取的组件是 MATLAB(核心组件，基本工具箱)。

常用通用工具箱：Symbolic Math(符号计算工具箱)。

其他通用工具箱：Simulink(仿真工具箱)、Optimization(优化工具箱)、MATLAB Compiler、MATLAB C/C++ Math Library、MATLAB C/C++ Graphic Library(用于编译 MATLAB 程序)。

常用专业工具箱：Control System(控制工具箱)、Signal Processing(信号处理工具箱)、Image Processing(图像处理工具箱)，等等。

1.1.2 MATLAB 窗口

点击桌面快捷方式或运行 MATLAB 安装目录的快捷启动图标启动程序，指向位于 MATLAB 安装目录下的 \ bin \ win32 文件夹中的执行程序 MATLAB.exe。

启动后的 MATLAB 操作界面默认情况下有 3 个上层窗口，如图 1.1.1 所示。

MATLAB 常用窗口主要有：

1. 命令窗口(Command Window)

命令窗口是 MATLAB 中最基本的窗口，该窗口是运行各种 MATLAB 指令的最主要窗口。在该窗口内，可以键入各种 MATLAB 指令、函数、表达式，并显示除图形外的运算结果。如"≫"为指令行提示符，提示其后语句为输入指令。"ans"为 answer 的英文缩写。

在指令窗口运行过的指令可以用↑、↓键再次调出运行。缺省情况下，

1.1 MATLAB 运行环境

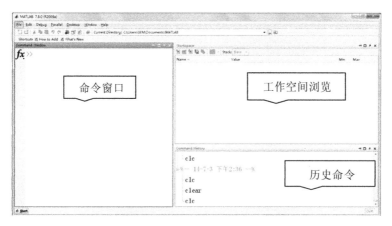

图 1.1.1 启动后界面

该窗口位于 MATLAB 桌面的右侧。

2. 历史指令窗口（Command History）

历史指令窗口位于 MATLAB 操作桌面的右下侧。历史指令窗口记录用户在 MATLAB 指令窗口曾经输入过的所有指令行，并且有具体时间标识，通过双击选中历史指令，可以再次执行，也可以将选中的历史指令复制、删除、粘贴和生成 M 文件命令。

3. 工作空间浏览器（Workspace Browser）

工作空间浏览窗口中记录已有的内存变量名及其对应的数据大小和类型，还可以在工作空间浏览器中查阅、保存、编辑内存变量或删除内存变量，另外，也可以将外部文件中的数据导入工作空间生成新的内存变量。

选中变量，单击右键打开菜单项（图 1.1.2），可以对选中变量进行相应的操作，包括选择适当绘图指令，使变量可视化显示。在缺省情况下，当前目录浏览器位于 MATLAB 桌面的左上方的前台。

4. 用户目录和工作目录

在缺省情况下，当前目录浏览器位于 MATLAB 桌面左上方的后台。点击标签（Current Directory）即可在前台看到当前目录浏览器。

一般来说，MATLAB 会提供一个临时目录作为默认的当前工作目录，如 C：\ Users \ 计算机名 \ Documents \ MATLAB。用户最好创建自己的用户目录（例如创建文件夹 D：\ MyMATLABDir）来存放自己创建的程序文件。建立自己的用户目录后，需要修改当前工作目录为用户目录，那么，MATLAB 将会把所有相关的数据和文件都存放在同一目录下，方便用户管理。修改当

3

图 1.1.2　工作空间浏览器

前工作目录的方法如下：

（1）利用 MATLAB 桌面上的当前工作目录设定区进行修改。

（2）利用指令设置，如"cd D：\MyMATLABDir"设置"D：\MyMATLABDir"为当前工作目录。

当前工作目录设置只在当前 MATLAB 环境下有效，重新启动 MATLAB，系统自动恢复到原来默认的当前工作目录，需要再次进行设置。

5. 内存数组编辑器（Array Editor）

在工作空间浏览器中双击选中的变量，调出内存数组编辑器（图 1.1.3）中打开该变量，然后编辑该变量。

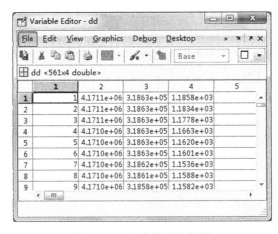

图 1.1.3　内存数组编辑器

6. MATLAB 搜索路径

MATLAB 工作时，根据 MATLAB 搜索路径，依次从各目录上搜索所需调用的文件、函数、数据。当用户有多个目录需要同时与 MATLAB 交换信息时，必须将这些目录添加到 MATLAB 搜索路径上，使得这些目录中的文件可以被调用。

菜单项 File：Set Path 或 pathtool 指令可以调出搜索路径设置对话框，用户可添加自己经常用到的目录到搜索路径。如果希望永久修改搜索路径，则应在修改结束后，选择 save。如果用户需要在程序体中添加搜索路径，可利用以下指令：

（1）path(path,'D：\MyMATLABDir')：将 D：\MyMATLABDir 添加到搜索路径尾端。

（2）path('D：\MyMATLABDir',path)：将 D：\MyMATLABDir 添加到搜索路径首端。

path 指令只在当前 MATLAB 环境下有效，重新启动 MATLAB，需要重新设置。

7. M 文件编辑(Editor)

对于简单的或一次性的问题，可以通过在指令窗口直接输入一组指令行去求解。当所需指令较多或需要重复使用一段指令时，就要用到 M 脚本编程。

MATLAB 下拉菜单项 File：New：M-File 可以新建一个 M 文件，而菜单项 File：Open，则可以打开一个 M 文件。打开的 M 文件编辑器如图 1.1.4 所示。菜单项 Debug 可以完成调试功能。

图 1.1.4　M 文件编辑/调试器

8. 帮助导航/浏览器(Help Navigator/Browser)

帮助导航/浏览器详尽展示由超文本写成的在线帮助,打开帮助导航/浏览器的方法如下:

(1)点击 MATLAB 窗口上的"?"按钮。

(2)点击在命令窗口输入 helpdesk 或 helpbrowser,回车。

(3)利用下拉菜单 View:help 或 Help:MATLAB help。

(4)在 MATLAB 的命令前,按下 F1 键,调出需要帮助的命令(图1.1.5)。

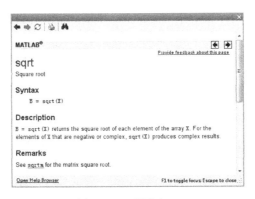

图 1.1.5　帮助窗口

9. 开始按钮

开始按钮作为一个快捷按钮,可以打开前面提到的所有窗口,如图 1.1.6 所示。

图 1.1.6　开始按钮

1.2 MATLAB 基础操作

1.2.1 MATLAB 常用指令

1. 数据显示格式的控制指令

MATLAB 可以将计算结果以不同的精度输出，默认的数据显示格式是 format short g，即在 short 和 short e 中自动选择最佳方式记述。用户可以在指令窗中直接输入指令 format +数据格式，修改数据的显示格式，该修改仅对当前指令窗有效。另外，用户可以通过下拉菜单 File：Preferences 打开参数设置对话框进行设置，如图 1.2.1 所示，该修改永久有效，除非再次修改。表 1.2.1 列出了常用精度控制指令。

format compact 和 format loose 这两个特殊格式化指令分别表示以紧凑格式输入输出和以松散格式输入输出。

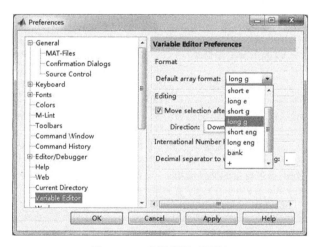

图 1.2.1 参数设置对话框

表 1.2.1 常用精度控制指令

指 令	含 义	举 例
format short	默认显示，保留小数点后 4 位	3.1416
format long	有效数字 16 位	3.141592653589793
format long e	有效数字 16 位加 3 位指数	3.141592653589793e+000

续表

指 令	含 义	举 例
format short e	有效数字5位加3位指数	3.1416e+006
format bank	保留两位小数位	3.14
format +	只给出正、负	+
format rational	以分数形式表示	355/113
format hex	16进制数	400921fb54442d18
format long g	15位有效数	3.14159265358979

2. 指令窗常用控制指令

常用的控制指令及含义列于表1.2.2中。

表1.2.2　　　　　　　　　　常用控制指令

指 令	含 义	指 令	含 义
cd	设置当前工作目录	exit/quit	退出MATLAB
clf	清除图形窗	open	打开文件
clc	清除指令窗中显示的内容	md	创建目录
clear	清除内存变量	more	使显示内容分页显示
dir	列出指定目录的文件清单	type	显示M文件的内容
edit	打开M文件编辑器	which	指出文件所在目录

例如：

>>dir d：\ MyMatProg　　%显示d：\ MyMatProg目录下的文件清单
>>edit d：\ MyMatProg\ exm04.m　　%打开编辑器编辑exm04.m
>>which exm04.m　　%指出exm04.m所在的目录

3. 常用的标点符号

标点符号在MATLAB指令中的作用极其重要。为了保证指令的正确执行，标点符号必须在英文状态下输入。表1.2.3中列出了常用的标点符号。

表 1.2.3　　　　　　　　　常用的标点符号

名称	标点	作用
空格		分隔输入量；分隔数组元素
逗号	,	作为要显示结果的指令的结尾；分隔输入量；分隔数组元素
黑点	.	小数点，还用于数组元素的运算，如 .*、./、.^
分号	;	作为不显示结果的指令的结尾；分隔数组中的行
冒号	:	用来生成一维数组；用做下标时，表示该维上的所有元素
注释号	%	其后内容为注释内容
单引号	' '	其内容为字符串
圆括号	( )	用做数组标识；表示函数输入参量列表时用
方括号	[ ]	输入数组时用；表示函数输出参量列表时用
花括号	{ }	用做元胞数组标识
下连符	_	用在变量、函数和文件名中
续行号	…	将长指令行分成两行输入，保持两行的逻辑连续。

冒号经常在指令集和 M 文件中用到，主要有以下三方面的作用：

(1) 用于生成等间隔的向量，默认间隔为 1，例如：A = 1∶3；B = 1∶0.5∶3。

(2) 用于选出矩阵指定行，列及元素，例如：A = B(i,∶)。

(3) 循环语句，例如：for i = 1∶3。

1.2.2　变量、运算符和表达式

程序设计中，需要变量和运算符相结合组成表达式，MATLAB 提供的基本算术运算有：加(+)、减(-)、乘(*)、除(/)、幂次方(^)。

变量名、函数名由英文字母、数字、下画线构成，MATLAB 对使用变量名称的规定：

(1) 变量名称的英文大小写是有区别的(apple、Apple、APPLE 三个变量不同)。

(2) 变量的长度上限为 19 个字母。

(3) 变量名的第一个字母必须是英文，随后可以掺杂英文字、数字或是下画线。

(4) MATLAB 命令通常是用小写字母书写。MATLAB 中变量使用之前，不

需要指定变量的数据类型，也不必事先声明变量。

MATLAB 的关系和逻辑运算符与其他程序设计语言基本相同，仅列表加以说明（表 1.2.4）。

表 1.2.4　　　　　　　MATLAB 的关系和逻辑运算符

符　号	功　能	符　号	功　能
=	赋值运算	||	逻辑或运算
= =	关系运算，相等	-	逻辑非运算
< >	不等于	xor	逻辑异或运算
<	小于	……	续行标志
<=	小于等于	%	注释标志
>	大于	&&	逻辑与运算
>=	大于等于	'	矩阵转置

预定义变量在 MATLAB 启动时由系统自动生成。用户在编写指令和程序时，应尽量避免使用表 1.2.5 中的预定义变量，以免混淆。

表 1.2.5　　　　　　　　　预定义变量

预定义变量	含　义	预定义变量	含　义
ans	计算结果的缺省变量名	NaN 或 nan	非数值
eps	极小值 = 2.2204e−16	nargin	函数输入参数数目
Inf 或 inf	无穷大，如 1/0	nargout	函数输出参数数目
who	列出所有定义过的变量名称	realmax	最大正实数
pi	圆周率 π	realmin	最小正实数

表达式是用运算符将有关运算量连接起来的式子，其结果是一个矩阵。MATLAB 表达式的规则与一般手写算式基本相同。

（1）表达式由变量名、运算符和函数名组成；
（2）表达式按优先级自左向右运算，括号可改变优先级顺序；
（3）优先级顺序由高到底为：指数运算、乘除运算、加减运算；
（4）表达式中赋值符为"="；
（5）可直接在命令窗内输入表达式进行计算。

例如：求$[12+2\times(7-4)]\div3^2$的运算结果。
键盘在指令窗输入下列指令，然后按下 Enter 键。
>>(12+2*(7-4))/3^2
>>ans=2   %MATLAB 指令窗显示运算结果

第 2 章 MATLAB 矩阵及其基本运算

MATLAB 是矩阵实验室的缩写,以矩阵为基本运算单元。因此,本章从最基本矩阵的运算出发,介绍 MATLAB 的常用矩阵命令及其用法。

2.1 矩阵的表示

2.1.1 数值矩阵的生成

1. 实数值矩阵输入

MATLAB 的强大功能之一体现在能直接处理向量或矩阵。当然,首要任务是输入待处理的向量或矩阵。任何矩阵(向量),矩阵同行元素之间由空格或逗号分隔,行与行之间用分号或回车键分隔。输入矩阵时,要以"[ ]"为其标识符号,矩阵的所有元素必须都在方括号内。矩阵大小不需要预先定义。矩阵元素可以是运算表达式。若"[ ]"中无元素,则表示空矩阵。

最简单的建立矩阵的方法是从键盘直接输入矩阵的元素。具体方法如下:将矩阵的元素用方括号括起来,按矩阵行的顺序输入各元素,同一行的各元素之间用空格或逗号分隔,不同行的元素之间用分号分隔。

执行如下命令完成矩阵的输入:
```
>> Time = [11 12 1 2 3 4 5 6 7 8 9 10]
Time =
11  12  1  2  3  4  5  6  7  8  9  10
>> X_Data = [2.32  3.43; 4.37  5.98]
X_Data =
2.43  3.43
4.37  5.98
>> vect_a = [1 2 3 4 5]
vect_a =
1  2  3  4  5
>> Null_M = [ ]    %生成一个空矩阵
```
冒号表达式可以产生一个行向量,一般格式是:e1:e2:e3。其中,e1

为初始值,e2 为步长,e3 为终止值。

例如:执行如下命令:
\>\> a=1:2:8
a = 1   3   5   7

在 MATLAB 中,还可以用 linspace 函数产生行向量。其调用格式为:
linspace(a, b, n)

其中,a 和 b 是生成向量的第一个和最后一个元素;n 是元素总数。
显然,linspace(a, b, n)与 a:(b-a)/(n-1):b 等价。

2. 复数矩阵输入

复数矩阵有两种生成方式:
第一种方式:
\>\> a=2.7; b=13/25;
\>\> C=[1, 2*a+i*b, b*sqrt(a); sin(pi/4), a+5*b, 3.5+1]
C = 1.0000   5.4000 + 0.5200i   0.8544
    0.7071   5.3000   4.5000

第二种方式:
\>\> R=[1 2 3; 4 5 6], M=[11 12 13; 14 15 16]
R = 1   2   3
    4   5   6
M = 11   12   13
    14   15   16
\>\> CN=R+i*M
CN = 1.0000+11.0000i   2.0000+12.0000i   3.0000+13.0000i
     4.0000+14.0000i   5.0000+15.0000i   6.0000+16.0000i

2.1.2 利用文件建立矩阵

对于比较大且比较复杂的矩阵,可以专门建立一个 M 文件。下面通过一个简单例子来说明如何利用 M 文件创建矩阵。打开 MATLAB 文本编辑器(或打开 Windows 记事本),输入以下内容,文件名为 example.m。

exm=[456   468   873   2   579   55
     21   687   54   488   8   13
     65   4567   88   98   21   5
     456   68   4589   654   5   987
     5488   10   9   6   33   77]

在 MATLAB 窗口输入:
\>\>example;

13

```
>>size(exm)      %显示 exm 的大小
ans=56           %表示 exm 有 5 行 6 列
```
另一种创建大矩阵的方法是直接读入外部文件。MATLAB 语言允许用户调用在 MATLAB 环境之外定义的矩阵。可用任意的文本编辑器编辑所要使用的矩阵，矩阵元素之间以特定分断符分开，并按行列布置。可用 load 函数调用，其调用格式为：

load+文件名[参数]

load 函数将会从文件名所指定的文件中读取数据，并将输入的数据赋给以文件名命名的变量，如果不给定文件名，则将自动认为 MATLAB. mat 文件为操作对象，如果该文件在 MATLAB 搜索路径中不存在，则系统将会报错。

在记事本中建立文件 data. txt：

1　1　1
1　2　3
1　3　6

在 MATLAB 命令窗口中输入：

```
>> load   data. txt
>> data
data = 1   1   1
       1   2   3
       1   3   6
```

2.1.3　多维数组的创建

MATLAB 创建多维数组命令是调用函数 cat，其调用格式为：

A=cat(n, A1, A2, …, Am)：当 n=1 和 n=2 时，分别构造[A1；A2]和[A1, A2]，它们都是二维数组；而 n=3 时，可以构造出三维数组。

执行如下命令创建三维数组：

```
>> A1=[1, 2, 3; 4, 5, 6; 7, 8, 9]; A2=A1'; A3=A1-A2;
>> A4=cat(3, A1, A2, A3)
A4(:,:, 1) = 1   2   3
             4   5   6
             7   8   9
A4(:,:, 2) = 1   4   7
             2   5   8
             3   6   9
```

```
A4(:,:,3) = 0   -2   -4
            2    0   -2
            4    2    0
```

2.1.4 符号矩阵的生成

在 MATLAB 中，输入符号向量或者矩阵和输入数值类型的向量或者矩阵在形式上很相似，只不过要用到符号矩阵定义函数 sym，或者是用到符号定义函数 syms，先定义一些必要的符号变量，再像定义普通矩阵一样输入符号矩阵。

1. 用命令 sym 定义矩阵

函数 sym 实际是在定义一个符号表达式，这时，符号矩阵中的元素可以是任何符号或者表达式，而且长度没有限制，只是将方括号置于用于创建符号表达式的单引号中。

执行如下命令创建符号矩阵：

```
>> sym_matrix = sym('[a b c; Jack, Help Me!, NO WAY!]')
sym_matrix = [ a       b          c      ]
             [ Jack   Help Me!   NO WAY! ]
>> sym_digits = sym('[1 2 3; a b c; sin(x) cos(y) tan(z)]')
sym_digits = [ 1         2        3      ]
             [ a         b        c      ]
             [ sin(x)   cos(y)   tan(z)  ]
```

2. 用命令 syms 定义矩阵

先定义矩阵中的每一个元素为一个符号变量，然后像普通矩阵一样输入符号矩阵。

执行如下命令：

```
>> syms a b c;
>> M1 = sym('Classical');
>> M2 = sym('Jazz');
>> M3 = sym('Blues')
>> syms_matrix = [a b c; M1, M2, M3; [2 3 5]]
syms_matrix = [ a           b       c     ]
              [ Classical   Jazz   Blues  ]
              [ 2           3       5     ]
```

把数值型矩阵转化成相应的符号型矩阵。数值型矩阵和符号型矩阵在

MATLAB 中是不相同的,它们之间不能直接进行转化。MATLAB 提供了一个将数值型矩阵转化成符号型矩阵的命令,即 sym 命令。

执行如下命令将数值型矩阵转化成符号型矩阵:

```
>> Digit_Matrix = [1/3   sqrt(2)  3.4234; exp(0.23)  log(29)  23^(-11.23)]
>> Syms_Matrix = sym(Digit_Matrix)
Digit_Matrix = 0.3333   1.4142   3.4234
               1.2586   3.3673   0.0000
Syms_Matrix =
[          1/3          ,        sqrt(2)         ,         17117/5000         ]
[5668230535726899*2^(-52),7582476122586655*2^(-51),5174709270083729*2^(-103)]
```

注:无论矩阵是用分数形式还是浮点形式表示的,将矩阵转化成符号型矩阵后,都将以最接近原值的有理数形式表示,或者是用函数形式表示。

2.1.5 特殊矩阵的生成

在数值计算和分析中,经常会用到一些特殊形式的矩阵,如单位矩阵。常用的特殊矩阵主要有:

1. 零矩阵

生成零矩阵函数为 zeros,调用格式为:

B = zeros(n):生成 n×n 全零阵;

B = zeros(m, n):生成 m×n 全零阵;

B = zeros(d1, d2, d3…):生成 d1×d2×d3×…全零阵或数组;

B = zeros(size(A)):生成与矩阵 A 相同大小的全零阵。

执行如下命令:

```
>> X = zeros(2, 3)
X = 0   0   0
    0   0   0
```

2. 单位矩阵

生成对角线元素全为 1 的矩阵,调用函数为 eye,调用格式为:

Y = eye(n):生成 n×n 单位阵;

Y = eye(size(A)):生成与矩阵 A 相同大小的矩阵;

Y = eye(m, n):生成 m×n 的矩阵,对角元素为 1。

执行如下命令:

```
>> Y = eye(3, 4)        %Y 不是单位阵。
```

```
Y = 1   0   0   0
    0   1   0   0
    0   0   1   0
>> Y  =  eye(4, 3)
Y = 1   0   0
    0   1   0
    0   0   1
    0   0   0
```

3. 全1阵

生成元素全为 1 的矩阵，调用函数 ones，调用格式为：

Y = ones(n)：生成 n×n 全 1 阵；

Y = ones(m, n)：生成 m×n 全 1 阵；

Y = ones(d1, d2, d3, …)：生成 d1×d2×d3×…全 1 阵或数组；

Y = ones(size(A))：生成与矩阵 A 相同大小的全 1 阵。

执行如下命令：

```
>> Z = ones(2, 3)
Z = 1   1   1
    1   1   1
```

4. 对角矩阵

调用函数 blkdiag，产生以输入元素为对角线元素的矩阵，调用格式为：

Y = blkdiag(a, b, c, d, …)：产生以 a，b，c，d，…为对角线元素的矩阵；

Y = blkdiag(X)：产生以向量 X 的元素为对角线元素的矩阵。

执行如下命令：

```
>> Y = blkdiag(1, 2, 3, 4)
Y = 1   0   0   0
    0   2   0   0
    0   0   3   0
    0   0   0   4
```

5. 等间隔向量

调用函数 linspace，产生线性等分向量，调用格式为：

y = linspace(a, b)：在(a, b)上产生 100 个线性等分点；

y = linspace(a, b, n)：在(a, b)上产生 n 个线性等分点；

y = logspace(a, b)：在(10^a，10^b)之间产生 50 个对数等分向量；

y=logspace(a，b，n)：在(10^a，10^b)之间产生 n 个对数等分向量。

2.2 矩 阵 运 算

2.2.1 算术运算

MATLAB 的基本算术运算有：+(加)、-(减)、*(乘)、/(右除)、\ (左除)、^(乘方)。运算是在矩阵意义下进行的，单个数据的算术运算只是一种特例。

(1)矩阵加减运算：A+B、A-B。

(2)矩阵乘法：A*B 按线性代数中矩阵乘法规则进行运算。

执行如下代码：

```
>>X=[2  3  4  5;
     1  2  2  1];
>>Y=[0  1  1;
     1  1  0;
     0  0  1;
     1  0  0];
>>Z=X*Y
Z= 8  5  6
   3  3  3
```

(3)矩阵除法。设 A 是非奇异方阵，MATLAB 提供了两种除法运算：左除(\)和右除(/)。一般情况下，x=a\b 是方程 a*x=b 的解，而 x=b/a 是方程 x*a=b 的解。

左除：A\B 等价于 A 的逆左乘 B，也就是 inv(A)*B；

右除：B/A 等价于 A 的逆右乘 B，也就是 B*inv(A)。

执行如下代码：

```
>> a=[1  2  3;4  2  6;7  4  9];
>> b=[4;1;2];
>> x=a\b
x =-1.5
    2
    0.5
```

注：对于含有标量的运算，两种除法运算的结果相同，如 3/4 和 4\3 有

相同的值,都等于 0.75。例如,设 a = [10.5, 25],则 a/5 = 5 \ a = [2.1000 5.0000]。

(4)矩阵的乘方。运算规则:A^P。

当 A 为方阵,P 为大于 0 的整数时,A^P 表示 A 的 P 次方,即 A 自乘 P 次;当 P 为小于 0 的整数时,A^P 表示 A^{-1} 的 P 次方。

当 A 为方阵,P 为非整数时,则 $A\wedge P = V \begin{bmatrix} d_{11}^{p} & & \\ & \ddots & \\ & & d_{nn}^{p} \end{bmatrix} V^{-1}$,其中 V 为 A 的特征向量,$\begin{bmatrix} d_{11} & & \\ & \ddots & \\ & & d_{nn} \end{bmatrix}$ 为特征值对角矩阵。如果有重根,则以上指令不成立。

标量的矩阵乘方 P^A,标量的矩阵乘方定义为 $P^{A} = V \begin{bmatrix} p^{d_{11}} & & \\ & \ddots & \\ & & p^{d_{nn}} \end{bmatrix} V^{-1}$,其中 V,D 取自特征值分解 AV = AD。

标量的数组乘方 P.^A,表示 A 的每个元素的 P 次乘方。标量的数组乘方定义为 $P.\wedge A = \begin{bmatrix} p^{a_{11}} & \cdots & p^{a_{1n}} \\ \vdots & & \vdots \\ p^{a_{m1}} & \cdots & p^{a_{mn}} \end{bmatrix}$。

(5)点运算。在 MATLAB 中,有一种特殊的运算,因为其运算符是在有关算术运算符前面加点,所以叫点运算。点运算符有 .*、./、.\ 和 .^。

两矩阵进行点运算,是指它们的对应元素进行相关运算,要求两矩阵的维数相同。

2.2.2 关系运算

MATLAB 提供了 6 种关系运算符:<(小于)、<=(小于或等于)、>(大于)、>=(大于或等于)、==(等于)、~=(不等于)。它们的含义不难理解,但要注意其书写方法与数学中的不等式符号不尽相同。

关系运算符的运算法则为:

(1)当两个比较量是标量时,直接比较两数的大小。若关系成立,关系表达式结果为 1;否则为 0。

(2)当参与比较的量是两个维数相同的矩阵时,比较是对两矩阵相同位置的元素按标量关系运算规则逐个进行，并给出元素比较结果。最终的关系运算的结果是一个维数与原矩阵相同的矩阵，它的元素由 0 或 1 组成。

（3）当参与比较的一个是标量，而另一个是矩阵时，则把标量与矩阵的每一个元素按标量关系运算规则逐个比较，并给出元素比较结果。最终的关系运算的结果是一个维数与原矩阵相同的矩阵，它的元素由 0 或 1 组成。

执行如下代码进行矩阵的比较：

```
>> A=[1 2 3 4;5 6 7 8];B=[0 2 1 4;0 7 7 2];
>> C1=A==B,C2=A>=B,C3=A~=B
C1 = 0    1    0    1
     0    0    1    0
C2 = 1    1    1    1
     1    0    1    1
C3 = 1    0    1    0
     1    1    0    1
```

2.2.3 逻辑运算

MATLAB 提供了 3 种逻辑运算符：&&（与）、||（或）和~（非）。若参与逻辑运算的是两个同维矩阵，那么运算将对矩阵相同位置上的元素按标量规则逐个进行。最终运算结果是一个与原矩阵同维的矩阵，其元素由 1 或 0 组成。

若参与逻辑运算的一个是标量、一个是矩阵，那么运算将在标量与矩阵中的每个元素之间按标量规则逐个进行。最终运算结果是一个与矩阵同维的矩阵，其元素由 1 或 0 组成。

在算术、关系、逻辑运算中，算术运算优先级最高，逻辑运算优先级最低。

执行如下代码：

```
>> A=[0 2 3 4;1 3 5 0],B=[1 0 5 3;1 5 0 5]
A = 0    2    3    4
    1    3    5    0
B = 1    0    5    3
    1    5    0    5
>> C1=A&B,C2=A|B,C3=~A,C4=xor(A,B)
C1 = 0    0    1    1
     1    1    0    0
C2 = 1    1    1    1
```

```
C3 = 1   1   1   1
     1   0   0   0
     0   0   0   1
C4 = 1   1   0   0
     0   0   1   1
```

2.2.4 矩阵的转置与旋转

1. 矩阵的转置

转置运算符是单撇号('),若矩阵 A 的元素为实数,则与线性代数中矩阵的转置相同。

执行如下代码完成矩阵的转置:

```
>> A=[1 2 3; 4 5 6; 7 8 9];
>> B=A'
B = 1   4   7
    2   5   8
    3   6   9
```

2. 矩阵的旋转

调用函数 rot90(A,k)将矩阵 A 旋转 90°的 k 倍,当 k 为 1 时可省略。当 k 小于 0 时,顺时针旋转;当 k 大于 0 时,逆时针旋转。

执行如下代码完成矩阵的旋转:

```
>> A=[1 2 3; 4 5 6; 7 8 9]
A = 1   2   3
    4   5   6
    7   8   9
>> X=rot90(A)
X = 3   6   9
    2   5   8
    1   4   7
>> Y=rot90(A,-1)
Y = 7   4   1
    8   5   2
    9   6   3
```

3. 矩阵的左右翻转

对矩阵实施左右翻转是指将原矩阵的第一列和最后一列调换,第二列和倒数第二列调换……依次类推。MATLAB 对矩阵 A 实施左右翻转的函数是 fliplr(A)。

4. 上下翻转

对矩阵 A 实施上下翻转的函数是 flipud(A)。

执行如下代码完成矩阵翻转：

```
>> A=[1 2 3; 4 5 6]
A = 1    2    3
    4    5    6
>> B1=fliplr(A)      %矩阵的左右翻转
B1 = 3    2    1
     6    5    4
>> B2=flipud(A)      %矩阵的上下翻转
B2 = 4    5    6
     1    2    3
```

5. 矩阵的复制和平铺

B = repmat(A, m, n) 将矩阵 A 复制 m×n 块，即 B 由 m×n 块 A 平铺而成。

执行如下代码完成矩阵的复制和平铺：

```
>> A=[1 2; 5 6]
A = 1    2
    5    6
>> B=repmat(A, 3, 4)
B = 1    2    1    2    1    2    1    2
    5    6    5    6    5    6    5    6
    1    2    1    2    1    2    1    2
    5    6    5    6    5    6    5    6
    1    2    1    2    1    2    1    2
    5    6    5    6    5    6    5    6
```

2.2.5 方阵的行列式

求方阵的行列式调用函数 det，调用格式为：

d = det(X)，返回方阵 X 的多项式的值。

执行如下代码：

```
>> A=[1 2 3; 4 5 6; 7 8 9]
```

A = 1   2   3
    4   5   6
    7   8   9
\>\> D=det(A)
D=0

2.2.6 矩阵的逆与伪逆

1. 矩阵的逆

求矩阵逆阵调用函数 inv，调用格式为：

B=inv(A)，矩阵 A 的逆阵为 B，若 A 为奇异阵或近似奇异阵，将给出警告信息。

执行如下代码求 $A = \begin{pmatrix} 1 & 2 & 3 \\ 2 & 2 & 1 \\ 3 & 4 & 3 \end{pmatrix}$ 的逆矩阵：

\>\>A=[1 2 3;2 2 1;3 4 3];
\>\>Y=inv(A)
Y = 1.0000   3.0000   -2.0000
    -1.5000   -3.0000   2.5000
     1.0000   1.0000   -1.0000

2. 矩阵的伪逆

如果矩阵 A 不是一个方阵，或者当 A 是一个非满秩的方阵时，矩阵 A 没有逆矩阵，但可以找到一个与 A 的转置矩阵 A' 同型的矩阵 B，使得：

A·B·A=A

B·A·B=B

此时，称矩阵 B 为矩阵 A 的伪逆，也称为广义逆矩阵。在 MATLAB 中，求一个矩阵伪逆的函数是 pinv(A)，调用格式为：

B = pinv(A)，求矩阵 A 的伪逆；

B = pinv(A, tol)，tol 为误差 max(size(A)) * norm(A) * eps;

若 A 为非奇异矩阵，则 pinv(A) = inv(A)。

执行如下代码：

\>\> A=magic(5);   %产生5阶魔方阵
\>\> A=A(:, 1:4)   %取5阶魔方阵的前4列元素构成矩阵 A。

```
A = 17  24   1   8
    23   5   7  14
     4   6  13  20
    10  12  19  21
    11  18  25   2
>> X = pinv(A)        %计算 A 的伪逆
X = -0.0041   0.0527  -0.0222  -0.0132   0.0069
     0.0437  -0.0363   0.0040   0.0033   0.0038
    -0.0305   0.0027  -0.0004   0.0068   0.0355
     0.0060  -0.0041   0.0314   0.0211  -0.0315
```

2.2.7 矩阵的秩与迹

求矩阵的秩和迹时，调用函数 trace 和 rank，调用格式为：
b = trace(A)，返回矩阵 A 的迹，即 A 的对角线元素之和；
k = rank(A)，求矩阵 A 的秩。
执行如下代码：

```
>> A = [1 2 3;2 2 1;3 4 3];
>> b = trace(A)   %求矩阵的迹
b = 6
>> k = rank(A)    %求矩阵的秩
k = 3
```

2.2.8 矩阵特殊运算

1. 矩阵对角线元素的抽取

X = diag(v, k)，以向量 v 的元素作为矩阵 X 的第 k 条对角线元素。
当 k=0 时，v 为 X 的主对角线；
当 k>0 时，v 为上方第 k 条对角线；
当 k<0 时，v 为下方第 k 条对角线。
执行如下代码：

```
>> v = [1 2 3];
>> x = diag(v, -1)
x = 0   0   0   0
    1   0   0   0
    0   2   0   0
```

```
        0         0         3         0
>> A=[1 2 3;4 5 6;7 8 9]
A =     1         2         3
        4         5         6
        7         8         9
>> v=diag(A,1)
v = 2
    6
```

2. 上三角阵和下三角阵的抽取

函数 tril 取矩阵下三角部分。L = tril(X)，抽取 X 的主对角线的下三角部分构成矩阵 L。L = tril(X, k)，抽取 X 的第 k 条对角线的下三角部分；k=0 时，为主对角线；k>0 时，为主对角线以上；k<0 时，为主对角线以下。

函数 triu 取矩阵上三角部分。U=triu(X)，抽取 X 的主对角线的上三角部分构成矩阵 U。U = triu(X, k)，抽取 X 的第 k 条对角线的上三角部分；k=0 时，为主对角线；k>0 时，为主对角线以上；k<0 时，为主对角线以下。

执行如下代码：

```
>> A=ones(4)          %产生4阶全1阵
A = 1     1     1     1
    1     1     1     1
    1     1     1     1
    1     1     1     1
>> L=tril(A,1)        %取下三角部分
L = 1     1     0     0
    1     1     1     0
    1     1     1     1
    1     1     1     1
>> U=triu(A,-1)       %取上三角部分
U = 1     1     1     1
    1     1     1     1
    0     1     1     1
    0     0     1     1
```

3. 矩阵的变维

矩阵的变维有两种方法，即用":"和函数"reshape"，前者主要针对 2 个已知维数矩阵之间的变维操作；而后者则是对于一个矩阵的操作。

1)":"变维

执行如下命令完成矩阵变维:

```
>>A=[1 2 3 4 5 6; 6 7 8 9 0 1]
A =  1  2  3  4  5  6
     6  7  8  9  0  1
>> B=ones(3, 4)
B =  1  1  1  1
     1  1  1  1
     1  1  1  1
>> B(:)=A(:)
B =  1  7  4  0
     6  3  9  6
     2  8  5  1
```

2)Reshape 函数变维

B = reshape(A, m, n),返回以矩阵 A 的元素构成的 m×n 矩阵 B;

B = reshape(A, m, n, p, …),将矩阵 A 变维为 m×n×p×…;

B = reshape(A, siz),由 siz 决定变维的大小,元素个数与 A 中元素个数相同。

执行如下命令:

```
>> a=[1:12];
>> b=reshape(a, 2, 6)
b =  1  3  5  7   9  11
     2  4  6  8  10  12
```

4. 矩阵元素的取整

对于小数构成的矩阵 A 来说,如果想对它取整数,有以下几种方法:

(1)按 $-\infty$ 方向取整。floor(A)将 A 中元素按 $-\infty$ 方向取整,即取不足整数。

(2)按 $+\infty$ 方向取整。ceil(A)将 A 中元素按 $+\infty$ 方向取整,即取过剩整数。

(3)四舍五入取整。round(A)将 A 中元素按最近的整数取整,即四舍五入取整。

(4)按离 0 近的方向取整。fix(A)将 A 中元素按离 0 近的方向取整。

执行如下命令:

```
>> A=-1.5+4*rand(3)
```

```
A =  2.3005   0.4439    0.3259
    -0.5754   2.0652   -1.4260
     0.9274   1.5484    1.7856
>> B1=floor(A), B2=ceil(A), B3=round(A), B4=fix(A)
B1 = 2   0    0
    -1   2   -2
     0   1    1
B2 = 3   1    1
     0   3   -1
     1   2    2
B3 = 2   0    0
    -1   2   -1
     1   2    2
B4 = 2   0    0
     0   2   -1
     0   1    1
```

2.2.9 矩阵大小和元素个数

1. 矩阵的大小

MATLAB 调用函数 size( ) 完成矩阵大小的计算,调用格式:S=size(A),返回一个行向量 S,S 的第一个元素是矩阵 A 的行数,第二个元素是矩阵 A 的列数;[n, m] = size (A)得到矩阵 A 的行列数,其中 n=size(A, 1),该语句返回的是矩阵 A 的行数;m=size(A, 2),该语句返回的是矩阵 A 的列数。

执行如下命令获得矩阵的大小:

```
>> S=rand(2, 3)
S = 0.8147    0.1269    0.6323
    0.9057    0.9133    0.0975
>> [m, n]=size(S)
m = 2      %得到 S 的行数
n = 3      %得到 S 的列数
>> b=size(S, 1)
b = 2      %得到 S 的行数
>> b=size(S, 2)
b = 3      %得到 S 的列数
```

2. 矩阵元素个数

MATLAB 调用函数 numel( ) 实现矩阵元素个数的计算,调用格式:n=numel(A),计算矩阵 A 中元素的个数。

执行如下命令计算矩阵元素个数:

\>\> A=[1 2 3 4; 5 6 7 8];
\>\> n=numel(A)
n = 8

3. 矩阵长度

MATLAB 调用函数 length( ) 计算矩阵长度,调用格式:n=length(A),计算矩阵 A 中的行数或列数的较大值。

执行如下命令计算矩阵长度:

\>\> A=[1 2 3 4; 5 6 7 8];
\>\> n= length (A)
n = 4

2.3 线性方程组的求解

在 MATLAB 中,求解线性方程组(AX=B 或 XA=B)时,主要采用前面章节介绍的除法运算符"/"和" \ "。例如:X=A \ B 表示求矩阵方程 AX=B 的解;X=B/A 表示矩阵方程 XA=B 的解。

如果矩阵 A 不是方阵,其维数是 m×n,则有:

m=n,恰定方程(方程数等于未知数个数),求解精确解;m>n,超定方程(方程数大于未知数个数),寻求最小二乘解;m<n,不定方程(方程数大于未知数个数),线性方程组的无穷解= 对应齐次方程组的通解+非齐次方程组的一个特解,寻求基本解,其中至多有 m 个非零元素。

针对不同的情况,MATLAB 将采用不同的算法来求解。

2.3.1 求线性方程组的精确解

MATLAB 常用的方程组解法有:

1. 利用矩阵除法求线性方程组的唯一解

方程组由 n 个未知数的 n 个方程构成,方程有唯一的一组解,其一般形式可用矩阵,向量写成如下形式:

Ax=b,其中 A 是方阵,b 是一个列向量。

解法:x=A \ b。

【例 2.3.1】 求方程组 $\begin{cases} 5x_1 + 6x_2 & = 1 \\ x_1 + 5x_2 + 6x_3 & = 0 \\ x_2 + 5x_3 + 6x_4 & = 0 \\ x_3 + 5x_4 + 6x_5 = 0 \\ x_4 + 5x_5 = 1 \end{cases}$ 的解。

执行如下命令：
```
>>A=[5  6  0  0  0
     1  5  6  0  0
     0  1  5  6  0
     0  0  1  5  6
     0  0  0  1  5];
>>B=[1 0 0 0 1]';
>>X=A\B       %求解
X =  2.2662
    -1.7218
     1.0571
    -0.5940
     0.3188
```

MATLAB 还可以调用函数 rref 求解。
```
>> C=[A, B]        %由系数矩阵和常数列构成增广矩阵 C
>> R=rref(C)       %将 C 化成行最简行
R = 1.0000      0         0         0         0     2.2662
      0      1.0000       0         0         0    -1.7218
      0         0      1.0000       0         0     1.0571
      0         0         0      1.0000       0    -0.5940
      0         0         0         0      1.0000   0.3188
```
则 R 的最后一列元素就是所求之解。

2. 利用矩阵求逆解法

方程：AX=b
解法：X=inv(A)*b

【例 2.3.2】 求方程组 $\begin{cases} 5x_1 + 6x_2 & = 1 \\ x_1 + 5x_2 + 6x_3 & = 0 \\ x_2 + 5x_3 + 6x_4 & = 0 \\ x_3 + 5x_4 + 6x_5 = 0 \\ x_4 + 5x_5 = 1 \end{cases}$ 的解。

执行如下命令：

```
>>A=[5  6  0  0  0
     1  5  6  0  0
     0  1  5  6  0
     0  0  1  5  6
     0  0  0  1  5];
B=[1 0 0 0 1]';
X=inv(A)*B       %求解运行后结果如下
X =  2.2662
    -1.7218
     1.0571
    -0.5940
     0.3188
```

3. 利用矩阵的 LU、QR 和 Cholesky 分解求方程组的解

1) LU 分解

LU 分解又称 Gauss 消去分解，可把任意方阵分解为下三角矩阵的基本变换形式(行交换)和上三角矩阵的乘积，即 A=LU，L 为下三角阵，U 为上三角阵，则 A*X=b 变成 L*U*X=b，所以 X=U \ (L \ b)，这样可以大大提高运算速度。

2) Cholesky 分解

若 A 为对称正定矩阵，则 Cholesky 分解可将矩阵 A 分解成上三角矩阵和其转置的乘积，即：A=R'*R，其中 R 为上三角阵。方程 A*X=b 变成 R'*R*X=b，所以 X=R \ (R' \ b)。

3) QR 分解

对于任何长方矩阵 A，都可以进行 QR 分解，其中 Q 为正交矩阵，R 为上三角矩阵的初等变换形式，即：A=QR。方程 A*X=b 变形为 QRX=b，所以 X=R \ (Q \ b)。

调用函数[Q, R]=qr(A), X=R \ (Q \ B)。

注：以上三种分解，在求解大型方程组时很有用。其优点是运算速度快，可以节省磁盘空间、节省内存。

一般来说，对维数不高、条件数不大的矩阵，上面三种解法所得的结果差别不大。在 MATLAB 中，出于对算法稳定性的考虑，行列式及逆的计算大都在 LU 分解的基础上进行。在 MATLAB 中，求解这类方程组的命令十分简单，直接采用表达式 x=A \ b。

在 MATLAB 的指令解释器在确认变量 A 非奇异后，就对它进行 LU 分解，并最终给出解 x；若矩阵 A 的条件数很大，MATLAB 会提醒用户注意所得解的可靠性。

如果矩阵 A 是奇异的，则 Ax=b 的解不存在，或者存在但不唯一；如果矩阵 A 接近奇异时，MATLAB 将给出警告信息；如果发现 A 是奇异的，则计算结果为 inf，并且给出警告信息；如果矩阵 A 是病态矩阵，也会给出警告信息。

注意：在求解方程时，尽量不要用 inv(A)*b 命令，而应采用 A\b 的解法，因为后者的计算速度比前者快、精度高，尤其当矩阵 A 的维数比较大时。另外，除法命令的适用性较强，对于非方阵 A，也能给出最小二乘解。

2.3.2 方程组的最小二乘解

超定方程一般是指不存在解的矛盾方程。例如，如果给定的三点不在一条直线上，我们将无法得到这样一条直线，使得这条直线同时经过给定这三个点。也就是说，给定的条件(限制)过于严格，导致解不存在。在实验数据处理和曲线拟合问题中，求解超定方程组非常普遍。比较常用的方法是最小二乘法。形象地说，就是在无法完全满足给定的这些条件的情况下，求一个最接近的解。

曲线拟合的最小二乘法要解决的问题，实际上就是求以上超定方程组的最小二乘解的问题。

【例 2.3.3】 求解超定方程组 $\begin{cases} 4x_1 - x_2 + 3x_3 = 3 \\ 3x_1 + x_2 - 5x_3 = 0 \\ 4x_1 - x_2 + x_3 = 3 \\ x_1 + 3x_2 - 13x_3 = -6 \end{cases}$ 的解。

执行如下命令完成求解方程组的最小二乘解：

```
>> A=[2 -1 3;3 1 -5;4 -1 1;1 3 -13];
>> b=[3 0 3 -6]';
>> r=rank(A)              %矩阵 A 的秩
r = 3                     %列满秩
>> x=A\b                  %求最小二乘解
x = 1.0000                %解算结果
    2.0000
    1.0000
>> x=pinv(A)*b            %伪逆求解
```

31

```
x = 1.0000                  %伪逆求解结果
    2.0000
    1.0000
>> A * x-b                  %验算
ans = 1.0e-014 *
    0.3109
    0
    0.5329
   -0.3553
```

可见,x 并不是方程 Ax = b 的精确解,用 pinv(A) * b 所得的解与 A \ b 相同。

2.3.3 欠定方程组的通解

欠定方程组未知量 n 个数多于方程个数 m,理论上有无穷个解。非齐次线性方程组需要先判断方程组是否有解,若有解,再去求通解。因此,步骤为:

(1) 判断 $AX=b$ 是否为欠定方程,若是则进行第二步;
(2) 求 $AX=b$ 的一个特解;
(3) 求 $AX=0$ 的通解;
(4) $AX=b$ 的通解等于 $AX=0$ 的通解加 $AX=b$ 的一个特解。

【例 2.3.4】 求解欠定方程组 $\begin{cases} x_1 - 2x_2 + x_3 + x_4 = 1 \\ x_1 - 2x_2 + x_3 - x_4 = -1 \\ x_1 - 2x_2 + x_3 + 5x_4 = 5 \end{cases}$ 的解。

执行如下命令:

```
>>A = [1  -2  1  1; 1  -2  1  -1; 1  -2  1  5];
>>b = [1  -1  5]';
>> X = A \ b
Warning: Rank deficient, rank = 2,    tol = 4.6151e-015.
X =   0          %方程的特解
    0.0000
      0
    1.0000
>> C = null(A, 'r')          %方程的基础解系
```

$$C = \begin{matrix} 2 & -1 \\ 1 & 0 \\ 0 & 1 \\ 0 & 0 \end{matrix}$$

所以原方程组的通解为 $X = k_1 \begin{pmatrix} 2 \\ 1 \\ 0 \\ 0 \end{pmatrix} + k_2 \begin{pmatrix} -1 \\ 0 \\ 1 \\ 0 \end{pmatrix} + \begin{pmatrix} 0 \\ 0 \\ 0 \\ 1 \end{pmatrix}$。

在 MATLAB 中，函数 null 用来求解零空间，即满足 A·X = 0 的解空间，实际上是求出解空间的一组基（基础解系）。调用格式：z = null(A, 'r')，其中，z 的列向量是方程 AX = 0 的有理基。

将解线形方程组的写成 M 文件 jiefangcheng.m，通过调用函数 [X] = jiefangcheng(A, b) 可以求解上述各类方程。

```
function [X] = jiefangcheng(A, b)
% function  jiefangcheng(A, b)
% A: 方程组的系数阵
% B: 方程的常数向量
% X: 解算的结果向量
    B = [A b];
    [m, n] = size(A);
    format rat                  %使用分数表示
    if m == n                   %判断有唯一解
        disp('有唯一的精确解')
        X = A \ b;
    elseif n<m                  %判断有最小二乘解
        disp('有最小二乘解')
        X = A \ b;
    elseif n>m                  %判断有无穷解
        disp('X0 为特解')
        X0 = A \ b
        disp('C 为基础解系')
        C = null(A, 'r')        %求 AX = 0 的基础解系
        disp('X 为通解')
        X = C(:, 1)+C(:, 2)+X0;     %写出方程组的通解
```

```
        else                         %判断无解
            disp('方程无解')
            X = 'equition no solve'
        end
    end
```

第3章 数据分析与数值计算

3.1 数据预处理

3.1.1 处理缺失数据

在数据采集、传输、处理的过程中可能存在一些随机错误，从而使数据出现缺失或异常等现象，在数据处理之前，往往需要消除缺失数据和异常数据的影响。本节将采用 MATLAB 中一些常用的数据预处理方法来排除数据的缺失和异常问题。

在数据分析之前，处理缺失数据是一个非常重要的问题，根据具体问题的不同，处理方法也各异。为了数据分析的方便，MATLAB 用 NaN 来表示缺失数据。NaN 是 MATLAB 的一个特殊数据，即"Not a Number"，MATLAB 规定，NaN 参与的数学运算结果均为 NaN。例如向量，对其求和、积，结果均为 NaN。在 MATLAB 命令窗口输入以下代码：

\>\> x = [2, 2, NaN, 4];
\>\> sum(x), prod(x)
运行结果如下。
ans = NaN
ans = NaN

MATLAB 中用于缺失数据处理的函数见表 3.1.1。

表 3.1.1 缺失数据处理的函数

函数	作用
x=x(i) i=find(~isnan(x))	搜索非 NaN 的数据索引，然后保存这些非 NaN 数据
x=x(~isnan(x))	去除 NaN 的数据向量
X(any(isnan(X)'),:)=[ ]	去除矩阵 X 中包括 NaN 的列

3.1.2 异常数据处理

数据传输、处理的错误也可能使数据发生异常,对异常数据,可以采用与缺失数据相似的处理方法,即去除异常数据。至于异常数据的标准,将视具体问题而定,实际中经常使用的一个标准是某个数据与数据的平均值的偏差大于3倍标准差,就认为该数据是异常数据。

对100个零均值高斯分布随机向量施加干扰产生异常数据,执行如下代码:

>> e_data=normrnd(0, 1, 1, 100);
>> e_data(40)=18;
>> plot(e_data);
>> title('异常数据');

代码运行结果如图3.1.1所示。

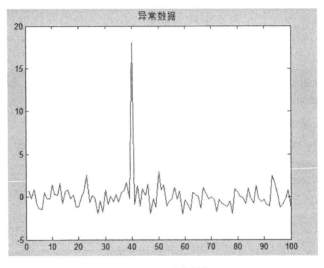

图 3.1.1 异常数据

去除 n=40 的异常数据,执行如下代码:

>> u=mean(e_data)
u = 0.1074
>> sigma=std(e_data)
sigma = 2.0811
>> e_data=e_data(abs(e_data-u)<=3*sigma);
>> plot(e_data);

```
>> ylim([-5, 20]);
>> title('异常数据');
```
代码运行结果见图 3.1.2。

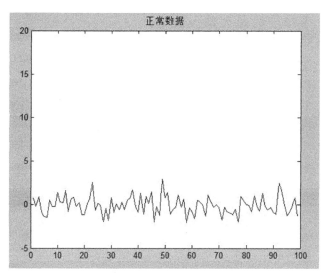

图 3.1.2 正常数据

3.2 最大最小值

求数据序列的最大值、最小值,是实际工程应用中经常遇到的问题。对这类数据分析问题,MATLAB 求数据的最大值和最小值只需要调用两个函数,分别为 max 和 min,两个函数的调用格式和操作过程基本类似。

3.2.1 求向量的最大值和最小值

MATLAB 用于求一个向量 X 的最大值的函数有两种调用格式,分别是:

(1) y=max(X):返回向量 X 的最大值存入 y,如果 X 中包含复数元素,则按模取最大值。

(2) [y, I]=max(X):返回向量 X 的最大值存入 y,最大值的序号存入 I,如果 X 中包含复数元素,则按模取最大值。

求向量 X 的最小值的函数是 min(X),用法和 max(X) 完全相同。

求向量 X 的最大值,命令如下:

```
>>x=[-43,72,9,16,23,47];
>>y=max(x)              %求向量 x 中的最大值
>>[y,l]=max(x)          %求向量 x 中的最大值及其该元素的位置
```

3.2.2 求矩阵的最大值和最小值

MATLAB 用于求矩阵 A 的最大值的函数有 3 种调用格式，分别是：

(1) max(A)：返回一个行向量，向量的第 i 个元素是矩阵 A 的第 i 列上的最大值。

(2) [Y, U]=max(A)，返回行向量 Y 和 U，Y 向量记录 A 的每列的最大值，U 向量记录每列最大值的行号。

(3) max(A, [ ], dim)：dim 取 1 或 2。dim 取 1 时，该函数和 max(A) 完全相同；dim 取 2 时，该函数返回一个列向量，其第 i 个元素是 A 矩阵的第 i 行上的最大值。

求最小值的函数是 min，其用法和 max 完全相同。

分别求 3×4 矩阵 x 中各列和各行元素中的最大值，并求整个矩阵的最大值和最小值，执行如下命令：

```
>> A=[2  4  8;1  3  6;5  8  9]
A = 2    4    8
    1    3    6
    5    8    9
>> B=max(A,[ ],1)
B = 5    8    9
>>  B=max(A,[ ],2)
B = 8    6    9
```

3.2.3 两个向量或矩阵对应元素的比较

函数 max 和 min 还能对两个同型的向量或矩阵进行比较，调用格式为：

(1) U=max(A, B)：A，B 是两个同型的向量或矩阵，结果 U 是与 A、B 同型的向量或矩阵，U 的每个元素等于 A、B 对应元素的较大者。

(2) U=max(A, n)：n 是一个标量，结果 U 是与 A 同型的向量或矩阵，U 的每个元素等于 A 对应元素和 n 中的较大者。

min 函数的用法和 max 完全相同。

【例 3.2.1】 求两个 2×3 矩阵 A、B 所有同一位置上的较大元素构成的新矩阵 C。

```
>> A = round(10 * rand(2, 3))
A = 7   3   1
    0   0   8
>> B = round(10 * rand(2, 3))
B = 7   10  4
    3   0   4
>> C = max(A, B)
C = 7   10  4
    3   0   8
>> U = max(A, 3)
U = 7   3   3
    3   3   8
```

3.3 数据求和(积)

MATLAB 提供用函数 sum、prod 和 diff 对数据序列作求和、求积及差分等运算。这些函数使用相对简单,没有太多的参数,在 MATLAB 的帮助系统中都能找到相应的示例和说明,这里不再做过多的文字描述,结合给出的示例,就能熟悉掌握相关函数的用法。

3.3.1 数据求和

MATLAB 中的 sum 函数用于对数组求和,sum 函数以数组 A 作为数据输入,sum(A)沿数组第一个非 1 的维进行求和。若 A 为向量,则返回该向量的和;若 A 为矩阵,则函数沿列方向求和,返回一个行向量,行向量的元素对应 A 每一列的和。调用格式为:

sum(A, dim):指定函数沿第 dim 维求和。

执行如下代码完成求和。

```
>> A = round(10 * rand(2, 3));
>> TheSum = sum(A)
TheSum =  6    13    8
```

注:实际上,MATLAB 中很多函数的调用格式都与此类似,如前面用到的 min、max、sort 等,如无特别的调用格式,则对其调用方法不作特别说明。

另外,sum 函数还提供给用户一个选项,该选项可限定运算结果的类型,如 sum(…,'double')限定结果为 double 型,即使输入数据为整型,默认情况也会返回 double 型。

3.3.2 数据求积

MATLAB 调用 prod 函数用于数据序列求积，其使用方法与 sum 函数相似，是一种数组支持函数，调用格式为：

prod(A) 和 prod(A, dim)

执行如下命令：

```
>> A = round(10 * rand(4, 3))
A = 8    9    1
    3   10    3
    5    5    8
    7    1    3
>> prod(A)
ans = 840    450    72
>> prod(A, 2)
ans = 72    90    200    21
```

除了一般的求和与求积，MATLAB 还定义了两种累积运算，即累积和、累积积，分别由函数 cumsum、cumprod 实现。累积求和、累积求积函数都是数组支持函数，相应的调用格式为：

cumsum(A)、cumsum(A, dim)、cumprod(A)、cumprod(A, dim)

执行如下代码进行累积计算：

```
>> A = round(10 * rand(4, 3))
A = 8    9    1
    3   10    3
    5    5    8
    7    1    3
>> cumsum(A)
ans = 8    9    1
     11   19    4
     16   24   12
     23   25   15
>> cumprod(A)
ans =  8    9    1
      24   90    3
     120  450   24
     840  450   72
>> cumprod(A, 2)
```

```
ans = 8    72    72
      3    30    90
      5    25   200
      7     7    21
```

3.3.3 数据排序

MATLAB 利用 sort 和 sortrow 两个函数对数据的排序操作。函数调用格式为：

sort(X)：返回对向量 X 中的元素按列升序排列的新向量。

[Y, I] = sort(A, dim, mode)：对矩阵 A 的各列或各行重新排序，I 记录 Y 中的元素在排序前 A 中位置，其中 dim 指明按 A 的列还是行进行排序。若 dim=1，则按列排序；若 dim=2，则按行排序。mode 为排序的方式，取值 ascend 为升序，descend 为降序。

注：sort 对数组元素按升序或降序进行排列，数组元素的类型可以是整型、浮点型、逻辑类型等数值类型，也可以是字符、字符串。函数 sort 对字符或字符串数组的排序依据 ASCII 表进行；对复数数值类型，sort 函数首先比较各元素的模值，在模值相同的情况下，则再按它们在区间[-n, n]的幅角从小到大排列；对于 NaN 数据，sort 函数将其排在最后，不管是按升序还是降序排列。

执行如下代码完成排序：

```
>> A = round(10 * rand(2, 3))
A = 7    3    7
    8    7    2
>> sort(A)
ans = 7    3    2
      8    7    7
```

3.4 随机数的产生

3.4.1 正态分布的随机数据的产生

正态分布的随机数据的产生调用函数 normrnd 来实现，具体调用格式：

R = normrnd(MU, SIGMA, m, n)：m, n 分别表示 R 的行数和列数，返回均值为 MU，标准差为 SIGMA 的正态分布的随机数据，R 可以是向量或矩阵。

执行如下命令产生正态分布的随机数：
>>x = normrnd(0, 1, [1 5])
x = 0.0591   1.7971   0.2641   0.8717   -1.4462
>> y = normrnd([4 2 1; 3 1 6], 0.1, 2, 3)
y = 4.0537   1.7741   1.0318
    3.1833   1.0862   5.8692
>> z=normrnd(10, 0.5, [2, 3])   %mu 为 10，sigma 为 0.5 的 2 行 3 列个正态随机数
z = 9.7837   10.0627   9.4268
    9.1672   10.1438   10.5955

3.4.2 常见分布的随机数产生

常见分布的随机数的使用格式与上面相同，表 3.4.1 是常用分布随机数产生的函数。

表 3.4.1　　　　　　　　　　随机数产生函数表

函数名	调用格式	说明
Unifrnd	unifrnd(A,B,m,n)	[A,B]上均匀分布(连续)随机数
Unidrnd	unidrnd(N,m,n)	均匀分布(离散)随机数
Exprnd	exprnd(Lambda,m,n)	参数为 Lambda 的指数分布随机数
Normrnd	normrnd(MU,SIGMA,m,n)	参数为 MU,SIGMA 的正态分布随机数
chi2rnd	chi2rnd(N,m,n)	自由度为 N 的卡方分布随机数
Trnd	trnd(N,m,n)	自由度为 N 的 t 分布随机数
Frnd	frnd(N_1, N_2,m,n)	第一自由度为 N_1，第二自由度为 N_2 的 F 分布随机数
gamrnd	gamrnd(A, B,m,n)	参数为 A, B 的 γ 分布随机数
betarnd	betarnd(A, B,m,n)	参数为 A, B 的 β 分布随机数
lognrnd	lognrnd(MU, SIGMA,m,n)	参数为 MU, SIGMA 的对数正态分布随机数
nbinrnd	nbinrnd(R, P,m,n)	参数为 R,P 的负二项式分布随机数
ncfrnd	ncfrnd(N_1, N_2,delta,m,n)	参数为 N_1,N_2,delta 的非中心 F 分布随机数
nctrnd	nctrnd(N, delta,m,n)	参数为 N,delta 的非中心 t 分布随机数
ncx2rnd	ncx2rnd(N, delta,m,n)	参数为 N,delta 的非中心卡方分布随机数

3.4.3 通用函数求各分布的随机数据

求指定分布的随机数需要调用函数 random，调用格式为：

y = random('name'，A1，A2，A3，m，n)：name 的取值见表 3.4.1；A1，A2，A3 为分布的参数；m，n 指定随机数的行和列。

执行如下命令将产生 10(5 行 2 列)个均值为 2，标准差为 0.2 的正态分布随机数：

```
>> y=random('norm', 0.1, 0.2, 5, 2)
y =  0.3979   0.2434
     0.3818   0.4260
     0.3834   0.1978
     0.2343   0.3069
    -0.1415   0.2454
```

3.5 随机变量的数字特征

3.5.1 平均值、中值

样本均值描述了样本观测数据取值相对集中的中心位置。MATLAB 利用 mean 计算样本均值，调用格式为：

mean(X，dim)：X 为矩阵，返回 X 中各列元素的平均值构成的向量；X 为向量，返回 X 中各元素的平均值。

另外，MATLAB 提供 nanmean 忽略 NaN 计算算术平均值。

执行如下命令计算平均值：

```
>> A=4+(5-1)*rand(1, 4)
A =  4.3283    4.4228    4.5682    4.6658
>> mean(A)
ans =  4.4963
```

将样本观测值由小到大排序，位于中间的那个观测值称为样本的中位数。MATLAB 利用 median 计算中值(中位数)，调用格式为：

median(A，dim)：A 为矩阵或向量，返回矩阵 A 中各列元素的中位数构成的向量，dim 表示求给出的维数内的中位数。

执行如下命令计算中值：

```
>> A=[1  3  4  5; 2  3  4  6; 1  3  1  5]
```

```
A =  1    3    4    5
     2    3    4    6
     1    3    1    5
>> median(A)
ans = 1    3    4    5
```

3.5.2 期望和方差

1. 期望

计算样本期望的函数是前面提到的 mean 函数。

2. 方差

方差用于衡量样本数据的离散或密集程度。由函数 var 来计算方差。

方差的计算公式有以下两种定义：

$$s^2 = \frac{1}{n-1}\sum_{i=1}^{n}(x_i - \overline{X})^2$$

$$s^2 = \frac{1}{n}\sum_{i=1}^{n}(x_i - \overline{X})^2$$

调用格式为：

D=var(X)：X 为向量，则返回向量的样本方差，$s^2 = \frac{1}{n-1}\sum_{i=1}^{n}(x_i - \overline{X})^2$；X 为矩阵，则 D 为 X 的列向量的样本方差构成的行向量。

D=var(X,1)：返回向量(矩阵)X 的简单方差(即置前因子为 $\frac{1}{n}$ 的方差)；另外，调用函数 std(X)求向量的标准差，即方差开方。

std(X)：返回向量(矩阵)X 的样本标准差(置前因子为 $\frac{1}{n-1}$)，即 std = $\sqrt{\frac{1}{n-1}\sum_{i=1}^{n}x_i - \overline{X}}$。

std(X,1)：返回向量(矩阵)X 的标准差(置前因子为 $\frac{1}{n}$)。

std(X,flag,dim)：返回向量(矩阵)中维数为 dim 的标准差值，其中 flag=0 时，置前因子为 $\frac{1}{n-1}$；否则置前因子为 $\frac{1}{n}$。

【例 3.5.1】 求下列样本的样本方差和样本标准差，以及方差和标准差：
60.9995　　58.6560　　32.7831　　76.3876　　66.3416　　66.7969
\>\>X=[60.9995　　58.6560　　32.7831　　76.3876　　66.3416　　66.7969];

```
>>DX = var(X, 1)      %方差
DX = 182.9815
>>sigma = std(X, 1)   %标准差
sigma = 13.5271
>>DX1 = var(X)        %样本方差
DX1 = 219.5778
>>sigma1 = std(X)     %样本标准差
sigma1 = 14.8182
```

3.5.3 协方差与相关系数

1. 协方差

MATLAB 用于求矩阵协方差和相关系数的函数分别是 cov 和 corrcoef。调用格式为：

cov(X) 或 cov(X, Y)：X 可以是向量也可以是矩阵，当 X 为向量时，cov(x) = var(x)；当 X 为矩阵时，计算结果为 X 的协方差矩阵，协方差矩阵的对角线就是 X 每列的方差，即 var(A) = diag(cov(A))。其他元素 Cov_{ij} 为 X 的第 i 列和第 j 列的协方差，cov(X, Y) 计算向量 X、Y 的协方差矩阵。

【例3.5.2】 计算矩阵的方差和协方差，执行如下命令：

```
>> X = [0  -1  1]'; Y = [1  2  2]';
>> C1 = cov(X)      %X 的协方差
C1 = 1
>> C2 = cov(X, Y)   %列向量 X、Y 的协方差矩阵，对角线元素为各
                    列向量的方差
C2 = 1.0000    0
     0         0.3333
>> A = [1  2  3; 4  0  -1; 1  7  3]
A = 1    2    3
    4    0   -1
    1    7    3
>> C1 = cov(A)      %求矩阵 A 的协方差矩阵
C1 = 3.0000   -4.5000   -4.0000
    -4.5000   13.0000    6.0000
    -4.0000    6.0000    5.3333
>> C2 = var(A(:, 1))   %求 A 的第 1 列向量的方差
```

```
C2 = 3
>> C3 = var(A(:, 2))        %求 A 的第 2 列向量的方差
C3 = 13
>> C4 = var(A(:, 3))
C4 = 5.3333
```

2. 相关系数

MATLAB 计算相关系数的函数为 corrcoef, 调用格式为:

corrcoef(X, Y): 返回列向量 X, Y 的相关系数;

corrcoef(A): 返回矩阵 A 的列向量的相关系数矩阵。

【例 3.5.3】 计算矩阵的相关系数。

```
>> A = [1 2 3; 4 0 -1; 1 3 9]
A = 1   2   3
    4   0  -1
    1   3   9
>> C1 = corrcoef(A)            %求矩阵 A 的相关系数矩阵
C1 =  1.0000   -0.9449   -0.8030
     -0.9449    1.0000    0.9538
     -0.8030    0.9538    1.0000
>> C1 = corrcoef(A(:, 2), A(:, 3))      %求 A 的第 2 列与第 3 列向量
                                         的相关系数矩阵
C1 =  1.0000   0.9538
      0.9538   1.0000
```

3.6 假设检验

3.6.1 U 检验法

U 检验法是进行总体标准差已知的单个正态总体均值的检验。MATLAB 提供函数 ztest 进行 U 检验。调用格式为:

[h, sig, ci, zval] = ztest(x, m, sigma, alpha, tail): x 为正态总体的样本, m 为均值 μ_0, sigma 为标准差, alpha 为显著性水平 0.05(默认值)。sig 为观察值的概率, 当 sig 为小概率时, 则对原假设提出质疑, ci 为真正均值 μ 的 1-alpha 置信区间, zval 为统计量的值。

总体的方差(σ^2)已知时, 单个正态总体的均值 μ 是否为已知常数用 U 检

验法进行检验,作原假设 H_0 和备选假设 H_1。

$$H_0: \mu = \mu_0 = m, \quad H_1: \mu \neq \mu_0 = m$$

若 h=0,表示在显著性水平 alpha 下,不能拒绝原假设;若 h=1,表示在显著性水平 alpha 下,可以拒绝原假设。

若 tail=0,表示:$H_1: \mu \neq \mu_0 = m$(默认,双边检验);

若 tail=1,表示备选假设:$H_1: \mu > \mu_0 = m$(单边检验);

若 tail=-1,表示备选假设:$H_1: \mu < \mu_0 = m$(单边检验)。

3.6.2 t 检验法

1. 单个正态总体均值差的检验

当总体的方差(σ^2)未知时,对单个正态总体的均值 μ 的假设检验,用 t 检验法。

MATLAB 调用函数 ttest 实现 t 检验法。调用格式为:

[h, sig, ci] = ttest(x, m, alpha, tail):参数意义同 U 检验法一样。

【例 3.6.1】 某种电子元件的寿命 X(以小时计)服从正态分布,μ、σ^2 均未知。现测得 16 只元件的寿命如下:

159 280 101 212 224 379 179 264 222 362 168 250
149 260 485 170

问:是否有理由认为元件的平均寿命大于 225(小时)?

因未知 σ^2,在水平 $\alpha = 0.05$ 下作检验假设:$H_0: \mu < \mu_0 = 225$,$H_1: \mu > 225$。

执行如下命令:

```
>> X=[159  280  101  212  224  379  179  264  222  362  168  250  149  260  485  170];
>> [h, sig, ci]=ttest(X, 225, 0.05, 1)
h = 0
sig = 0.2570
ci = 198.2321    Inf         %均值 225 在该置信区间内
```

结果表明:h=0,表示在水平 $\alpha = 0.05$ 下应该接受原假设 H_0,即认为元件的平均寿命不大于 225 小时。

2. 两个正态总体均值差的检验

两个正态总体方差未知但相等,比较两正态总体样本均值的假设检验。MATLAB 用函数 ttest2 实现两个正态总体均值差的检验。调用格式为:

[h, sig, ci]=ttest2(X, Y, alpha, tail):sig 为当原假设为真时得到观察

值的概率，当 sig 为小概率时，则对原假设提出质疑，ci 为真正均值 μ 的 1-alpha 置信区间。

原假设 H_0：$\mu_1 = \mu_2$（μ_1 为 X 为期望值，μ_2 为 Y 的期望值）；
备选假设 H_1：$\mu_1 \neq \mu_2$（默认，双边检验）。
若 h=0，表示在显著性水平 alpha 下，不能拒绝原假设；
若 h=1，表示在显著性水平 alpha 下，可以拒绝原假设。
tail=0，表示备选假设：H_1：$\mu_1 \neq \mu_2$（默认，双边检验）；
tail=1，表示备选假设：H_1：$\mu_1 > \mu_2$（单边检验）；
tail=-1，表示备选假设：H_1：$\mu_1 < \mu_2$（单边检验）。

【例 3.6.2】 有甲、乙两台机床加工相同的产品，从这两台机床加工的产品中随机地抽取若干件，测得产品直径（单位：mm）为：

机床甲：20.5，19.8，19.7，20.4，20.1，20.0，19.0，19.9
机床乙：19.7，20.8，20.5，19.8，19.4，20.6，19.2

试问甲、乙两台机床加工的产品直径有无显著差异？假定两台机床加工的产品直径都服从正态分布，且总体方差相等。（取 $\alpha = 0.05$）

两个总体方差不变时，在水平 $\alpha = 0.05$ 下检验假设：H_0：$\mu_1 = \mu_2$，H_1：$\mu_1 < \mu_2$。

执行如下命令：

```
>> X=[20.5, 19.8, 19.7, 20.4, 20.1, 20.0, 19.0, 19.9];
>>Y=[19.7, 20.8, 20.5, 19.8, 19.4, 20.6, 19.2];
>>[h, sig, ci]=ttest2(X, Y, 0.05, -1)
>>X=[20.5, 19.8, 19.7, 20.4, 20.1, 20.0, 19.0, 19.9];
>>Y=[19.7, 20.8, 20.5, 19.8, 19.4, 20.6, 19.2];
[h, sig, ci]=ttest2(X, Y, 0.05, -1)
h = 0
sig = 0.3977
ci = -Inf    0.4267
```

结果表明：h=0，表示在水平 $\alpha = 0.05$ 下，应该接受原假设。

3.6.3 χ^2 检验

MATLAB 调用函数 vartest 实现总体均值未知时的单个正态方差的 χ^2 检验法。调用格式为：

[h, sig, varci, stats] = vartest (x, var0, alpha, tail)：x 为正态总体的样本，var0 为已知方差（常数），alpha 为显著性水平 0.05（默认值）。sig 为观察

值的概率。varci 为真正方差的 1-alpha 置信区间，若 h=0，则表示在显著性水平 alpha 下，不能拒绝原假设；若 h=1，则表示在显著性水平 alpha 下，可以拒绝原假设。

构建原假设和备选假设：

$H_0: \sigma^2 = \sigma_0^2 = m$，$H_1: \sigma^2 \neq \sigma_0^2 = m$

tail=0，表示：$H_1: \sigma^2 \neq \sigma_0^2 = m$（默认，双边检验）；

tail=1，表示备选假设：$H_1: \sigma^2 > \sigma_0^2 = m$（单边检验）；

tail=-1，表示备选假设：$H_1: \sigma^2 < \sigma_0^2 = m$（单边检验）。

【例 3.6.3】观测向量 X=[49.4 50.5 50.7 51.7 49.8 47.9 49.2 51.4 48.9]。

执行如下命令：

```
>> X=[49.4 50.5 50.7 51.7 49.8 47.9 49.2 51.4 48.9];
>> v0=1.5;              %已知的方差，即检验中的常数
>> alpha=0.05;
>> tail='both';
>> [h, sig, varci, stats]=vartest(X, v0, alpha, tail)
h = 0
sig = 0.8383
varci = 0.6970   5.6072      %置信区间
stats = chisqstat: 8.1481    %检验统计量
             df: 8           %自由度
```

由于函数返回值 p=0.838>0.05，所在在显著水平 $\alpha=0.05$ 下接受原假设 H_0。

3.6.4 F 检验

MATLAB 调用函数 vartest2 实现总体均值未知时的两个正态方差的比较，用到 F 检验法。调用格式为：

[h, sig, varci, stats] = vartest2 (x, y, alpha, tail)：x 和 y 为两个正态总体的样本，alpha 为显著性水平 0.05（默认值）。sig 为观察值的概率。varci 为真正方差的 1-alpha 置信区间，若 h=0，表示在显著性水平 alpha 下，不能拒绝原假设；若 h=1，表示在显著性水平 alpha 下，可以拒绝原假设。

构建原假设和备选假设：

$$H_0: \sigma_1^2 = \sigma_2^2, \quad H_1: \sigma_1^2 \neq \sigma_2^2$$

tail=0，表示：$H_1: \sigma_1^2 \neq \sigma_2^2$（默认，双边检验）；

tail=1，表示备选假设：H_1：$\sigma_1^2 > \sigma_2^2$（单边检验）；

tail=-1，表示备选假设：H_1：$\sigma_1^2 < \sigma_2^2$（单边检验）。

【例3.6.4】 以例3.6.3中的实例数据进行两种机床直径方差的检验。

执行如下命令：

\>\> X=[20.5, 19.8, 19.7, 20.4, 20.1, 20.0, 19.0, 19.9];
\>\>Y=[19.7, 20.8, 20.5, 19.8, 19.4, 20.6, 19.2];
\>\> alpha=0.05;
\>\> tail='both';
\>\> [h, p, varci, stats]=vartest2(X, Y, alpha, tail)
h = 0
p = 0.4462   %置信概率
varci = 0.0958   2.7928 %置信区间
stats = fstat：0.5456   %统计量
        df1：7   %X的自由度
        df2：6   %Y的自由度

由vartest2的返回值p=0.4462>0.05及h=0可知，在显著水平$\alpha=0.05$下接受原假设。认为二者直径的方差相等。

3.6.5 正态分布检验

在某些统计推断中，通常假定总体服从一定的分布（例如正态分布），然后在这个分布的基础上构造相应的统计量，根据统计量的分布作出一些统计推断，而统计量的分布通常依赖于总体分布的假设，也就是说，总体所服务的分布在统计推断中是十分重要的，会影响到结果的可靠性。因此，由样本观测数据去推断总体所服从的分布是必要的。MATLAB提供了chi2gof、jbtest、lillietest和kstest等函数进行分布检验。

1. 函数chi2gof

MATLAB调用函数chi2gof用来作分布的χ^2拟合优度检验，检验样本是否服从指定的分布。

调用格式为：

[h, p, stats]=chi2gof(x)：检验样本是否服从正态分布，原假设为样本x服从正态分布，其中分布参数由x估计。输出参数h=0在显著水平0.05下接受原假设，h=1在显著水平0.05下拒绝原假设。返回的p小于等于显著水平时，拒绝原假设，否则接受原假设。

结构体stats的字段内容含义：

chi2stat：χ^2 检验统计量；

df：自由度；

edges：合并后各区间的边界向量；

O：实际频数；

E：理论频数。

【例 3.6.5】 执行如下代码进行正态分布检验：

\>\>X = chi2rnd(10, 100, 1);

\>\>[h, p, stats] = chi2gof(X)

h = 0

p = 0.0595

stats = chi2stat：10.6197

   df：5

   edges：[2.7021　4.6960　6.6900　8.6839　10.6778　12.6718　14.6657　16.6596　22.6415]

   O：[8　14　17　21　12　19　27]

   E：[9.6827　10.7113　15.7200　18.5352　17.5584　13.3633　8.1709　6.2582]

2. 函数 jbtest

调用格式为：

[h, p, jbstat, cv] = jbtest(X, alpha)：对输入向量 X 进行 Jarque-Bera 测试，显著性水平默认为 0.05，显著水平 alpha 在 0 和 1 之间。p 为接受假设的概率值，p 越接近于 0，则可以拒绝是正态分布的原假设；jbstat 为测试统计量的值，cv 为是否拒绝原假设的临界值。h 为测试结果，若 h = 0，则可以认为 X 是服从正态分布的；若 h = 1，则可以否定 X 服从正态分布。X 为大样本，对于小样本用 lillietest 函数。

3. 函数 lillietest

调用格式为：

h = lillietest(X)、h = lillietest(X, alpha) 、[h, p, lstat, cv] = lillietest(X, alpha)：对输入向量 X 进行 Lilliefors 测试，显著性水平 alpha 默认为 0.05，alpha 在 0.01 和 0.2 之间。p 为接受假设的概率值，p 越接近于 0，则可以拒绝是正态分布的原假设；lstat 为测试统计量的值，cv 为是否拒绝原假设的临界值。h 为测试结果，若 h = 0，则可以认为 X 是服从正态分布的；若 h = 1，则可以否定 X 服从正态分布。

4. kstest 函数

调用格式为：

[H, P, KSSTAT, CV] = kstest(X, cdf, alpha):测试向量 X 是否服从指定累积分布函数为 cdf 的测试(cdf=[ ]时表示标准正态分布),alpha 为显著水平默认为 5%。p 为原假设成立的概率,ksstat 为测试统计量的值,cv 为是否接受假设的临界值。原假设为 X 服从标准正态分布。若 h=0,则不能拒绝原假设;若 h=1,则可以拒绝原假设。

3.7 插值与拟合

插值与拟合是数据处理中经常用到的方法,插值法是实用的数值方法,是函数逼近的重要方法。在生产和科学实验中,自变量 x 与因变量 y 的函数 $y=f(x)$ 的关系式有时不能直接写出表达式,而只能得到函数在若干个点的函数值或导数值。当要求知道观测点之外的函数值时,需要估计函数值在该点的值。

如何根据观测点的值,构造一个比较简单的函数 $y=\varphi(x)$,使函数在观测点的值等于已知的数值或导数值。插值实际上是用函数 $y=\varphi(x)$ 逼近函数 $y=f(x)$,$y=\varphi(x)$ 称为插值函数。

曲线拟合,就是通过实验获得有限对观测数据 (x_i, y_i),利用这些数据来求取近似函数 $y=f(x)$,式中 x 为输出量,y 为被测物理量。与插值不同的是,曲线拟合并不要求 $y=f(x)$ 的曲线通过所有离散点 (x_i, y_i),只要求 $y=f(x)$ 反映这些离散点的一般趋势,使其最佳地拟合数据,该函数曲线不必经过数据点,这正是曲线拟合与插值的不同之处。

曲线拟合首先要解决的是拟合函数的模型,即光滑曲线的形式是怎样的,是多项式模型还是指数模型或其他模型。其次是体现出"最佳拟合"或"最佳逼近",最佳是在某个误差准则下的最佳,常用的误差准则是误差平方和最小准则,也可以是最大误差最小准则、误差的绝对值和最小等。

3.7.1 一维插值

被插值函数为一元函数时,插值过程为一维插值,图 3.7.1 为一维插值示意图。

MATLAB 利用 interp1 实现一维插值,该函数利用多项式插值函数,将被插值函数近似为多项式函数,调用格式为:

yi = interp1(x, y, xi, method):x, y 是等长向量,为已知的观测数据点;插值数据是 xi,输出量 yi 是 xi 对应的插值点。method 是字符串变量,表示不同的插值方法,主要的插值方法有:

3.7 插值与拟合

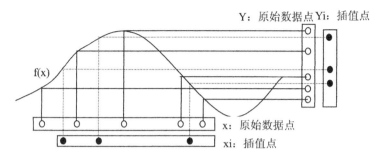

图 3.7.1 数据点与插值点关系

method = 'nearest'：最近邻点插值，插值点函数值的估计为与该插值点最近的数据点函数值。直接完成计算。

method = 'linear'：线性插值（缺省方式），根据相邻数据点的线性函数估计落在该区域内插值数据点的函数值，直接完成计算。

method = 'spline'：三次样条函数插值。对于该方法在相邻数据点间建立三次多项式函数，根据多项式函数确定插值数据点的函数值。

method = 'pchip' 或 'cubic'：'cubic' 与 'pchip' 操作相同，对于该方法，命令 interp1 调用函数 pchip 分段三次 Hermite 插值。

对于超出 x 范围的 xi 的分量，使用方法 'nearest'、'linear' 的插值算法，相应地将返回 NaN。对其他的方法，interp1 将对超出的分量执行外插值算法。

【例 3.7.1】 在 1~12 的 11 小时内，每隔 1 小时测量一次温度，测得的温度依次为：

5，8，9，15，25，29，31，30，22，25，27，24

试估计每隔 1/10 小时的温度值。

插值计算命令如下：

```
>> temps = [5  8  9  15  25  29  31  30  22  25  27  24];
>> hours = 1: 12;
>> h = 1: 0.1: 12;
>> figure(1);
>> t = interp1(hours, temps, h, 'spline');
>> subplot(2, 2, 1);
>> plot(hours, temps, 'O', h, t, 'b');
>> title('spline');
>> subplot(2, 2, 2);
```

```
>> t=interp1(hours, temps, h, 'nearest');
>> plot(hours, temps, 'O', h, t, 'g');
>>title('nearest');
>> t=interp1(hours, temps, h, 'linear');
>>subplot(2, 2, 3);
>> plot(hours, temps, 'O', h, t, 'b');
>>title('linear');
>> t=interp1(hours, temps, h, 'pchip');
>>subplot(2, 2, 4);
>> plot(hours, temps, 'O', h, t, 'b');
>>title('pchip');
```

以上代码执行结果见图 3.7.2。

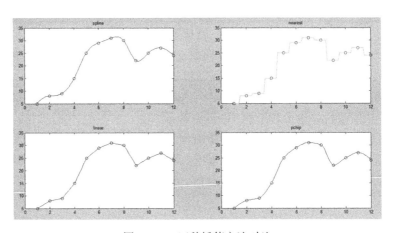

图 3.7.2　四种插值方法对比

3.7.2　二维数据插值

被插值函数为二元函数时，插值过程为二维插值，MATLAB 调用 interp2 完成二维插值，调用格式：

ZI = interp2(X, Y, Z, XI, YI, method)：进行二维插值，其中，X、Y、Z 是具有相同大小的矩阵，ZI 包含对应于参量 XI 与 YI(可以是向量、或同型矩阵)的元素，即 ZI(i, j)是插值点[XI(i, j), YI(i, j)]的估计值。若 XI 与 YI 中有在 X 与 Y 范围之外的点，则相应地返回 NaN。

另外，格式：ZI = interp2(Z, XI, YI)，表示 X = 1：n、Y = 1：m，其中

[m, n] = size(Z)。

Method 是字符串变量，表示不同的插值方法，主要的插值方法有：

'linear'：双线性插值算法（缺省算法）。将插值点周围的 4 个数据点函数值的线性组合作为插值点的函数值估计。

'nearest'：最临近插值。将插值点周围的 4 个数据点中离该插值点最近的数据点函数值作为该插值点的函数估计。

'cubic'：双立方插值，该方法利用插值点周围的 16 个数据点，相对于前两种方法，双立方插值得到曲面更加光滑，但也消耗更多的时间和内存。

'spline'：三次样条插值。经常用到的插值方法，曲面光滑，效率较高。

【例 3.7.2】 某山区测得一些地点的高度，高程数据存储为 yzsj.m 文件。平面区域为 $0 \leqslant x \leqslant 5600$，$0 \leqslant y \leqslant 4800$，试作出该山区的地形图和等高线图并比较几种插值方法。

yzsj.m 文件内容：

data = [370 470 550 600 670 690 670 620 580 450 400 300 100 150 250 510
620 730 800 850 870 850 780 720 650 500 200 300 350 320 650 760 880 970 1020
1050 1020 830 900 700 300 500 550 480 350 740 880 1080 1130 1250 1280 1230
1040 900 500 700 780 750 650 550 830 980 1180 1320 1450 1420 1400 1300 700
900 850 840 380 780 750 880 1060 1230 1390 1500 1500 1400 900 1100 1060 950
870 900 930 950 910 1090 1270 1500 1200 1100 1350 1450 1200 1150 1010 880
1000 1050 1100 950 1190 1370 1500 1200 1100 1550 1600 1550 1380 1070 900
1050 1150 1200 1430 1430 1460 1500 1550 1600 1550 1600 1600 1600 1550 1500
1500 1550 1550 1420 1430 1450 1480 1500 1550 1510 1430 1300 1200 980 850
750 550 500 1380 1410 1430 1450 1470 1320 1280 1200 1080 940 780 620 460
370 350 1370 1390 1410 1430 1440 1140 1110 1050 950 820 690 540 380 300 210
1350 1370 1390 1400 1410 960 940 880 800 690 570 430 290 210 150]

代码如下：

```
>>x = 0：400：5600；
>>y = 0：400：4800；
>>yzsj；                        %读入已知数据
>>figure(1)；
>>meshz(x, y, data)             %网格化后如图 3.7.3 所示
>>xi = 0：50：5600；
>>yi = 0：50：4800；
```

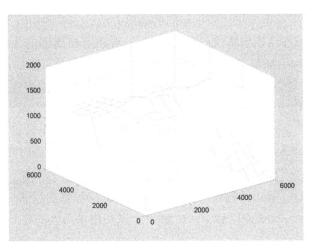

图 3.7.3 网格化

```
>>subplot(2, 2, 1);
>>z1i=interp2(x, y, z, xi, yi', 'nearest');     % 'nearest' 插值
>>surfc(xi, yi, z1i)
>>title('nearest');
>>subplot(2, 2, 2);
>>z2i=interp2(x, y, z, xi, yi', 'linear');      % 'linear' 插值
>>surfc(xi, yi, z2i)
>>title('linear');
>>subplot(2, 2, 3);
>>z3i=interp2(x, y, z, xi, yi', 'spline');      % 'spline' 插值
>>surfc(xi, yi, z3i)
>>title('spline');
>>subplot(2, 2, 4);
>>z4i=interp2(x, y, z, xi, yi', 'cubic');       % 'cubic' 插值
>>surfc(xi, yi, z4i)
>>title('cubic');
```

以上代码运行结果见图 3.7.4。

为了近一步对比 'linear' 和 'cubic' 的插值效果,接着执行如下命令绘制等高线图,结果如图 3.7.5 所示。

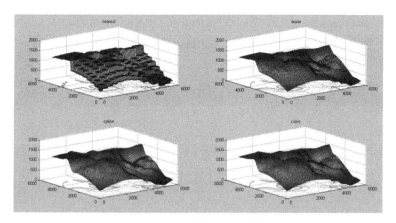

图 3.7.4　四种插值方法结果

```
>> figure(5)
>>subplot(1, 2, 1), contour(xi, yi, z2i, 10);
>>title('linear');
>>subplot(1, 2, 2), contour(xi, yi, z3i, 10);
>>title('cubic');
```

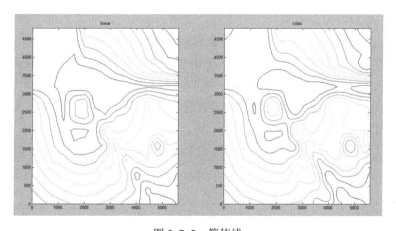

图 3.7.5　等值线

3.7.3　griddata 插值

MATLAB 中的 griddata 函数是先对离散点进行三角形化，然后利用 cubic、

57

linear 等方法插值。调用格式：

ZI = griddata(x, y, z, XI, YI, method)：用二元函数 z=f(x, y)的曲面拟合有不规则的数据向量 x, y, z。griddata 将返回曲面 z 在点(XI, YI)处的插值。曲面总是经过这些数据点(x, y, z)的。输入参量(XI, YI)通常是规则的格点(像用命令 meshgrid 生成的一样)。XI 可以是一行向量，这时 XI 指定一有常数列向量的矩阵。类似地，YI 可以是一列向量，它指定一有常数行向量的矩阵。

[XI, YI, ZI] = griddata(x, y, z, xi, yi, method)，返回的矩阵 ZI 含义同上，同时，返回的矩阵 XI, YI 是由行向量 xi 与列向量 yi 用命令 meshgrid 生成的。

用指定的算法 method 计算：

'linear'：基于三角形的线性插值(缺省算法)；

'cubic'：基于三角形的三次插值；

'nearest'：最邻近插值法；

'v4'：MATLAB 中的 griddata 算法。

3.7.4 数据网络化

meshgrid 是 MATLAB 中用于生成网格采样点的函数，在使用 MATLAB 进行 3-D 图形绘制方面有着广泛的应用。绘制 $z=f(x, y)$ 所代表的三维曲面图，先要在 x, y 平面选一个矩形区域，假定矩形区域 $D=[a, b]\times[c, d]$，然后将 $[a, b]$ 在 x 方向分成 m 份，将 $[c, d]$ 在 y 方向分成 n 份，由各划分点作平行轴的直线，把区域 D 分成 $m\times n$ 个小矩形。生成代表每一个小矩形顶点坐标的平面网格坐标矩阵，最后利用有关函数绘图。

调用格式为：

[X, Y] = meshgrid(x, y)：生成 length(y)×length(x) 大小的矩阵 X 和 Y。它相当于 x 从一行重复增加到 length(y)行，把 y 转置成一列再重复增加到 length(x)列。X, Y 相同位置上的元素(X(i, j), Y(i, j))恰好是 D 区域上的网格点坐标。

执行如下命令完成作 $z(x, y) = xe^{-x^2-y^2}$ 三维图形：

[X, Y] = meshgrid(-2:.2:2, -2:.2:2);
Z = X .* exp(-X.^2 - Y.^2);
surf(X, Y, Z);

结果如图 3.7.6 所示。

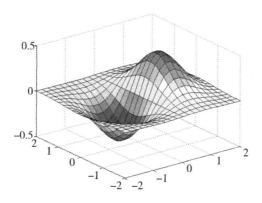

图 3.7.6　三维网格化

3.7.5　多项式拟合

多项式拟合是利用多项式最佳地拟合观测数据，使得在观测数据点处的误差平方和最小。MATLAB 中利用函数 polyfit 进行多项式拟合。函数 polyfit 根据观测数据及用户指定的多项式阶数得到光滑曲线的多项式表示，polyfit 的一般调用格式为：

P = polyfit(x, y, n)：其中 n 表示多项式的最高阶数，x，y 为将要拟合的数据，它是用数组的方式输入。输出参数 P 为拟合多项式 $P(1)*X^n + P(2)*X^{(n-1)}+\cdots+ P(n)*X + P(n+1)$ 的系数。

polyfit 的输出是一个多项式系数的行向量。为了计算在 xi 数据点的多项式值，调用 MATLAB 的函数 polyval。调用格式：

y = polyval(P, x, n)

执行如下命令计算多项式的系数：

\>>x=0：0.1：1；
\>>y=[-0.447　1.978　3.28　6.16　7.08　7.34　7.66　9.56　9.48　9.30　11.2]；
\>> A=polyfit(x, y, 2)
A = -9.8108　20.1293　-0.0317　　%多项式系数
\>> z=polyval(A, x)；
\>> plot(x, y, 'r*', x, z, 'b')

结果如图 3.7.7 所示。

给定观测数据组 x0、y0，实现拟合三阶多项式，并图示拟合情况，执行

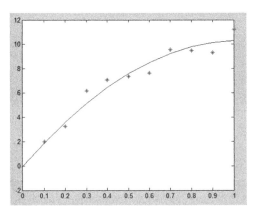

图 3.7.7 多项式拟合

如下命令：
>>x0=0：0.1：1；
>>y0=[-.447, 1.978, 3.11, 5.25, 5.02, 4.66, 4.01, 4.58, 3.45, 5.35, 9.22]；n=3；
>>P=polyfit(x0, y0, n) xx=0：0.01：1；
>>yy=polyval(P, xx)；
>>plot(xx, yy, '-b', x0, y0, '.r', 'MarkerSize', 20)
>>legend('拟合曲线', '原始数据', 'Location', 'SouthEast')
>>xlabel('x')

以上代码执行结果如图 3.7.8 所示。

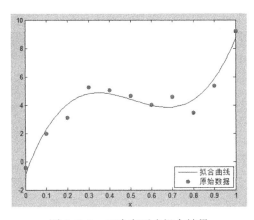

图 3.7.8 三阶多项式拟合结果

3.7.6 曲线拟合工具箱 cftool

MATLAB 有一个功能强大的曲线拟合工具箱 cftool，使用方便，能实现多种类型的线性、非线性曲线拟合。下面以一个简单实例介绍如何使用这个工具箱。

假设要拟合的函数形式是 $y=ax^2+bx$，且 $a>0$，$b>0$。

(1) 在命令行输入数据：

\>\>x=[110.3323 148.7328 178.064 202.826 224.7105 244.5711 262.908 280.0447 296.204 311.5475]；

\>\>y=[5 10 15 20 25 30 35 40 45 50]；

(2) 启动曲线拟合工具箱：

\>\>cftool

(3) 进入曲线拟合工具箱界面"Curve Fitting tool"(图 3.7.9 所示)。

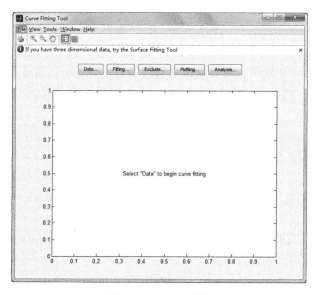

图 3.7.9　cftool 界面

①点击 Data 按钮，弹出 Data 窗口(图 3.7.10)。

②利用 X data 和 Y data 的下拉菜单读入数据 x，y，可修改数据集名 Data set name，然后点击 Create data set 按钮，退出 Data 窗口，返回工具箱界面，这时会自动画出数据集的曲线图。

③点击 Fitting 按钮，弹出 Fitting 窗口。

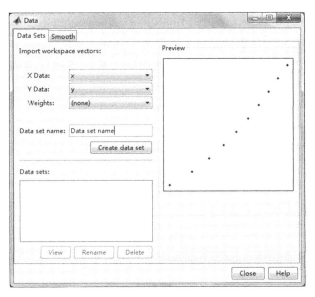

图 3.7.10　DATA 窗口

④点击 New fit 按钮，可修改拟合项目名称 Fit name，通过 Data set 下拉菜单选择数据集，然后通过下拉菜单 Type of fit 选择拟合曲线的类型，工具箱提供的拟合类型有：

Custom Equations：用户自定义的函数类型。

Exponential：指数逼近，有 2 种类型，$a*exp(b*x)$、$a*exp(b*x)+c*exp(d*x)$。

Fourier：傅立叶逼近，有 7 种类型，基础型是 $a0+a1*cos(x*w)+b1*sin(x*w)$。

Gaussian：高斯逼近，有 8 种类型，基础型是 $a1*exp(-((x-b1)/c1)^2)$。

Interpolant：插值逼近，有 4 种类型，linear、nearest neighbor、cubic spline、shape-preserving。

Polynomial：多形式逼近，有 9 种类型，linear~、quadratic~、cubic~、4-9th degree~。

Power：幂逼近，有 2 种类型，$a*x^b$、$a*x^b+c$。

Rational：有理数逼近，分子、分母共有的类型是 linear~、quadratic~、cubic~、4-5th degree~；此外，分子还包括 constant 型。

Smoothing Spline：光滑逼近。

Sum of Sin Functions：正弦曲线逼近，有 8 种类型，基础型是 a1 * sin (b1 * x + c1)。

Weibull：威布尔逼近，只有一种 a * b * x^(b-1) * exp(-a * x^b)。

选择好所需的拟合曲线类型及其子类型，并进行相关设置：

如果是非自定义的类型，根据实际需要，点击 Fit options 按钮，设置拟合算法、修改待估计参数的上下限等参数。

如果选 Custom Equations，点击 New 按钮，弹出自定义函数等式窗口，有 Linear Equations 线性等式和 General Equations 构造等式两种标签。

在本例中，选 Custom Equations，点击 New 按钮，选择 General Equations 标签，输入函数类型 y=a*x*x+b*x，设置参数 a、b 的上下限，然后点击 OK(图 3.7.11)。拟合后的参数为：

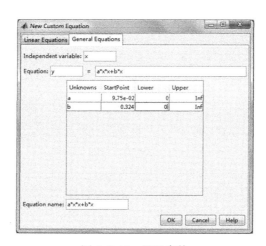

图 3.7.11 设置参数

General model：
  f(x) = a * x * x+b * x
Coefficients (with 95% confidence bounds)：
  a = 0.0005064 (0.0004967, 0.000516)
  b = 2.222e−014 (fixed at bound)
Goodness of fit：
 SSE：6.146
 R-square：0.997
 Adjusted R-square：0.997
 RMSE：0.8263

最终的拟合曲线如图 3.7.12 所示。

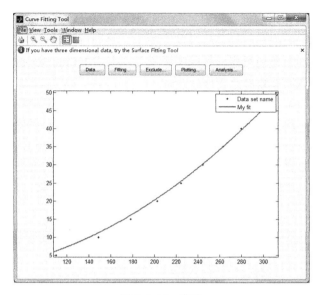

图 3.7.12　曲线

第4章 MATLAB编程基础

4.1 控制语句

作为一种计算机编程语言，MATLAB提供了多种用于程序流控制的描述关键词(Keyword)。本节只介绍其中最常用的循环控制(for，while，continue，break)和条件控制(if，switch)。由于MATLAB的这些指令与其他语言相应指令的用法十分相似，因此本节只结合MATLAB给定的描述关键词，对这四种指令进行简要的说明。

4.1.1 循环结构

1. for 循环语句

for循环允许一组命令以固定的和预定的次数重复，被重复执行的命令称为循环体。for循环一般用于循环次数固定的运算。for循环的语句格式是：

for 循环变量=起始值：步长：终止值
　　{循环体}
end

例：for n=1：10
　　　　x(n)=sin(n*pi/10);
　　end

2. while 循环

当循环次数不确定时，可以采用while循环。while循环的语句格式是：

while 表达式
　　{循环体}
end

只要在表达式为真，就执行while和end语句之间的循环体。通常，表达式的求值给出一个标量值，也可以是数组。在数组情况下，所得到数组的所有元素必须都为真，才执行循环体，如果有一个元素为假，则跳出循环。

另外，在循环的过程中，如果满足某个条件，就可以利用 break 命令跳出 while 循环。

例：num=0；k=0；
```
    while mun<100
        k=k+1；
        num=num+k；
    end
>>  num
    num = 105
>>  k
    k = 14
```

4.1.2 分支结构

1. 条件分支

if-else-end 指令为程序流提供了一种分支控制，条件分析主要有以下三种形式：

1）单分支

单分支的语句形式：

if　　表达式

　　（commands）

end

当表达式为"真"时，（commands）指令组才被执行。

2）双分支

双分支的语句形式：

if　　表达式

　　（commands1）

else

　　（commands2）

end

当表达式为"真"时，（commands1）指令组被执行；否则，（commands2）被执行。

3）多分支

if　　表达式2

　　（command1）

elseif 表达式2
　　(command2)
　　…
else
　　(other commands)
end

在表达式1,表达式2,… 中,表达式 m 如果为"真",则执行(commandm);如果给出的所有表达式都不为"真",则(other commands)被执行。多分支能够被 switch-case 所取代。

【例 4.1.1】 已知函数 $y = \begin{cases} x & x < -1 \\ x^2 & -1 \leq x < 1 \\ e^{-x+1} & 1 \leq x \end{cases}$,编写能对任意一组输入 x 值求相应 y 值的程序。

程序代码如下:
function y=exmp(x)
n=length(x);
form=1:n
　　if x(m)<-1
　　　　y(m)=x(m);
　　elseif x(m)>=1
　　　　y(m)=exp(1-x(m));
　　else
　　　　y(m)=x(m)^2;
　　end
end

4) switch-case 结构
switch 表达式
　　case value_1
　　　　(commands1)
　　case　value_2
　　　　(commands2)
　　case　value_k
　　　　(commandsk)
　　otherwise

（other commands）
end

witch 语句后面的表达式可以为任何类型；每个 case 后面的常量表达式可以是多个，也可以是不同类型；与 if 语句不同的是，各个 case 和 otherwise 语句出现的先后顺序不会影响程序运行的结果。

【例 4.1.2】 学生的成绩管理，用来演示 switch 结构的应用。

```
N = input('输入分数');      %划分区域：满分(100)，优秀(90~99)，
                            良好(80~89)，及格(60~79)，
                            不及格(<60)
switch N
case 100                    %得分为 100 时
    S = '满分';             %列为'满分'等级
case 90                     %得分在 90 和 99 之间
    S = '优秀';             %列为'优秀'等级
case 80                     %得分在 80 和 89 之间
    S = '良好';             %列为'良好'等级
case 60                     %得分在 60 和 79 之间
    S = '及格';             %列为'及格'等级
otherwise                   %得分低于 60。
    S = '不及格';           %列为'不及格'等级
end
disp(S)
```

4.1.3　try-catch 结构

try 的作用是让 MATLAB 尝试执行一些语句，执行过程中如果出错，则执行 catch 部分的语句，其一般的语句形式为：

```
try
    （commands）
catch
    （出错后执行的语句块）
end
```

通过例子说明 try-catch 结构的使用方法，具体在代码中有注释说明。

【例 4.1.3】 try-catch 结构应用实例。

```
clear，N=4；A=magic(3)；      %设置 3 行 3 列矩阵 A
```

```
try
    A_N=A(N,:),        %取 A 的第 N 行元素
catch
    A_end=A(end,:),    %如果取 A(N,:)出错,则改取 A 的最后一行
end
lasterr                %显示出错原因
    A_end =
        4    9    2
    ans =
    Index exceeds matrix dimensions.
```

4.2 M 文 件

4.2.1 M 脚本文件

对于一些相对比较简单的计算,从指令窗中直接输入计算命令即可完成计算。如果问题复杂,则相应的命令也会增加;另外,要解决问题需要重复计算,这时可以考虑将计算命令重合成一个脚本文件较为适宜。"脚本"本身反映这样一个事实:MATLAB 只是按文件所写的指令执行。

脚本文件的构成比较简单,它只是一串按用户意图排列而成的(包括控制流向指令在内的)MATLAB 指令集合。脚本文件没有输入输出,对工作空间(workspace)中的变量进行操作。任何可执行的 MATLAB 命令都可以写入脚本文件。脚本文件执行时,就如同将文件中的每一条命令依次输入到 MATLAB 命令行中一样,顺次执行。

【例 4.2.1】 创建脚本文件:tang.m 文件
```
a=2; b=2;
x=-a: 0.2: a; y=-b: 0.2: b;
for i=1: length(y)
    for j=1: length(x)
        if x(j)+y(i)>1
            z(i,j)=0.5457*exp(-0.75*y(i)^2-3.75*x(j)^2-1.5*x(j));
        elseif x(j)+y(i)<=-1
```

              z(i,j)= 0.5457 * exp(-0.75 * y(i)^2-3.75 * x(j)^2+1.5 * x(j));
           else z(i,j)= 0.7575 * exp(-y(i)^2-4. * x(j)^2);
           end
        end
    end
    axis([-a, a, -b, b, min(min(z)), max(max(z))]);
    colormap(flipud(winter));
    surf(x, y, z);
>>tang

结果如图 4.2.1 所示。

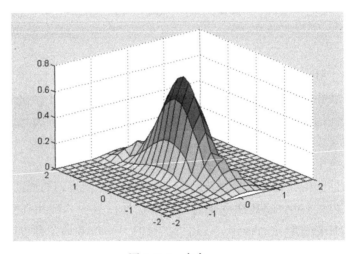

图 4.2.1　命令 tang

4.2.2　M 函数文件

M 脚本文件没有参数传递功能，但 M 函数文件有此功能，函数文件总是以 function 引导的函数申明行开始，标出了全部的输入输出参数，使用时只需要传给它的输入量，结果是输出参数的计算结果。实际使用的输入量数量可以比定义的少。

M 函数文件的格式有严格规定，它必须以"function"开头，其格式如下：
function 输出变量 = 函数名称(输入参数)
    (commands)

end;

M 函数文件与 M 脚本文件的区别如下:

M 函数文件的命名必须是其函数名,不可改变。

M 脚本文件则为完成一固定功能的模块,其运行时产生的变量均为全局变量,区别于 M 函数的局部变量,并且没有参数传递。

函数文件的变量是局部变量,运行期间有效,运行完毕就自动被清除,而命令文件的变量是全局变量,执行完毕后仍被保存在内存中。

函数文件要定义函数名,且保存该函数文件的文件名必须是函数名.m。M 函数文件可以有多个输出变量和多输入变量,当有多个变量时,用[ ]括起来。M 文件函数之间可以互相调用。

1. 局部(Local)变量

存在于函数空间内部的中间变量,在函数运行的时候产生,其作用范围也只限于函数本身。因此这类中间变量称为局部变量。

2. 全局(Global)变量

通过 global 指令,MATLAB 允许几个不同的函数空间以及基本工作空间共享同一个变量。这种被共享的变量称为全局变量。

注:M 函数文件函数名和保存的文件名保持一致。如果不一致,则函数定义的第一行的函数名将被存储的文件名取代;函数文件的名字必须以字母开头。

【例 4.2.2】 编写一个 M 函数文件。它具有以下功能:(A)根据指定的半径,画出蓝色圆周线;(B)可以通过输入字符串,改变圆周线的颜色、线型;(C)假若需要输出圆面积,则绘出圆。

```
function [S, L] = DrawCircle(N, R, str)
% DrawCircle.m 正多边形的面积和周长
%N 边的数目
%R 半径
%str 线型
%S 面积
%L 周长
switch nargin
    case 0
        N = 100; R = 1; str = '-b';
    case 1
        R = 1; str = '-b';
```

```
        case 2
            str='-b';
        case 3
            ;
        otherwise
            error('输入量太多。');
end;
t=0: 2*pi/N: 2*pi;
x=R*sin(t); y=R*cos(t);
if nargout==0
    plot(x, y, str);
elseif nargout>2
    error('输出量太多。');
else
    S=N*R*R*sin(2*pi/N)/2;
    L=2*N*R*sin(pi/N);
    fill(x, y, str)
end
axis equal square
box on
shg
```

4.3　MATLAB 的函数类别

从扩展名 M 观察，MATLAB 的 M 文件分为 M 脚本文件和 M 函数文件。那么，在 MATLAB 中，函数 Function 又被细分为主函数、子函数、嵌套函数、私用函数、匿名函数等。限于篇幅，本节只对主函数、子函数进行阐述。

4.3.1　主函数与子函数

以一个实例说明主函数与子函数的区别和关系，注意代码中的注释说明。

【例 4.3.1】　编写一个内含子函数的 M 函数绘图文件。

1. 函数编写

```
function Hr=exm04(flag)
% exm04.m
```

```
% flag 可以取字符串 'line' 或 'circle'
% Hr 子函数 cirline 的句柄
t=(0：50)/50*2*pi;
x=sin(t);
y=cos(t);
Hr=@cirline;        %注意，这里指向了子函数的句柄，可以通过此句柄
                    直接调用子函数
feval(Hr, flag, x, y, t)
%-------------子函数--------------------
function cirline(wd, x, y, t)
% cirline(wd, x, y, t)是位于 exm04.m 函数体内的子函数
% wd 接受字符串 'line' 或 'circle'
%t 画线用的独立参变量
%x 由 t 产生的横坐标变量
%y 由 t 产生的纵坐标变量
switch wd
case 'line'
    plot(t, x, 'b', t, y, 'r', 'LineWidth', 2)
case 'circle'
    plot(x, y, '-g', 'LineWidth', 8),
    axis square off
otherwise
    error('输入参量只能取"line"或"circle"！')
end
shg
```

2. 函数调用

```
HH=exm04('circle')     %注意，这里指向了子函数的句柄
HH =
    @cirline
t=0：2*pi/5：2*pi; x=cos(t); y=sin(t);    %为绘制正五边形准
                                            备数据
HH('circle', x, y, t)       %利用句柄绘图
```

4.3.2 函数句柄

函数句柄(function handle)是 MATLAB 的一种数据类型。引入函数句柄的

理由是：使 feval 及借助于它的泛函指令工作更可靠；使"函数调用"像"变量调用"一样灵活方便；提高函数调用速度，特别在反复调用情况下更显效率；提高软件重用性，扩大子函数和私用函数的可调用范围；可迅速获得同名重载函数的位置、类型信息。

【例 4.3.2】 为 MATLAB 的 magic 函数创建函数句柄，并观察其内涵。

1. 创建句柄

```
>>hm = @ magic
hm =
    @ magic
```

2. 类型判断

```
>>class(hm)
ans =
function_handle
isa(hm, 'function_handle')
ans = 1
```

3. 借助 functions 指令观察句柄内涵

```
>>CC = functions(hm)
CC =
    function: 'magic'
        type: 'simple'
        file: 'D: \ MATLAB71 \ toolbox \ MATLAB \ elmat \ magic.m'
```

4. 句柄调用方法 1

```
>>M1 = hm(4)
M1 = 16    2    3   13
      5   11   10    8
      9    7    6   12
      4   14   15    1
```

5. 句柄调用方法 2

```
>>M2 = feval(hm, 4)
M2 = 16    2    3   13
      5   11   10    8
      9    7    6   12
      4   14   15    1
```

4.4 MATLAB 的输入与输出语句

4.4.1 输入语句

1. 输入数值

x＝input('please input a number：')

please input a number：55

x ＝ 55

2. 输入字符串

s＝input('please input a string：', 's')

please input a string：I am using Matlab

s ＝ I am using Matlab

4.4.2 输出语句

1. 自由格式（disp）

disp(23+454-29*4)

361

disp([11 22 33；44 55 66；77 88 99])

11 22 33

44 55 66

77 88 99

disp('this is a string')

this is a string

2. 输出（fprintf）

fprintf('The area is %8.4f \ n', area)

The area is 2.5637　　%输出值为 8 位数含 5 位小数

注：输出格式前需有"%"符号，跳行符号需有"\"符号。

4.4.3 错误消息显示命令

输出错误消息调用命令函数 error。

error('this is an error')

\>\>this is an error

第 5 章　绘图与图形处理

从一大堆原始的数据中,很难发现这些数据所表示的含义,而数据图形恰能使视觉感官直接感受到数据的许多内在本质,发现数据的内在联系。可视化表达是目前数据处理中有效的手段。通常我们需要使手工难以绘制的函数或实验数据的图形可视化,MATLAB 提供了强大的绘图功能,可以表达出数据的二维、三维,甚至四维的图形。通过图形的线型、立面、色彩、光线、视角等属性的控制,可把数据的内在特征表现得淋漓尽致。

5.1　二维基本图形的绘制

在 MATLAB 中绘图包含下面三个步骤:
(1)定义函数;
(2)指定要绘制的函数图形的值范围;
(3)调用 MATLAB 的 plot(x,y)函数。

函数模型能够形象地用图形来表达,一般来说,当确定了绘制的函数模型后,就需要指定函数的值范围,即确定 MATLAB 函数使用的变量的增量。使用较少的增量可以使得图形显示更加平滑。如果增量较小,MATLAB 会计算更多的函数值,但需要更多的内存,影响绘图的效率。不过通常不需要取得那么小。

例如,要绘制 $0 \leqslant x \leqslant 10$ 之间的 $y = \sin(x)$ 的图形。绘制之前,定义绘图区间并确定 MATLAB 使用的增量。区间使用方括号[ ]以下面的形式定义:[start:interval:end]

在 $0 \leqslant x \leqslant 10$ 上以 0.1 的增量递增,输入以下程序:
\>\> x = [0:0.1:10];
\>\> y = sin(x);
\>\> plot(x,y)　　%开始绘图(图 5.1.1)

5.1.1　基本平面图形命令

二维图形是将平面坐标上的数据点连接起来的平面图形。二维图形的绘

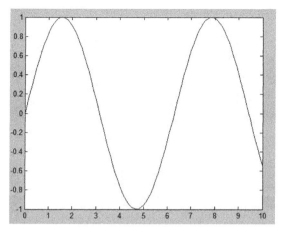

图 5.1.1　正弦函数图形

制是其他绘图操作的基础。

在 MATLAB 中，最基本且应用最为广泛的绘图函数为 plot，利用它，可以在二维平面上绘制出不同的曲线。

1. plot 函数的基本用法

plot 函数用于绘制二维平面上的线性坐标曲线图，要提供一组 x 坐标和对应的 y 坐标，可以绘制分别以 x 和 y 为横、纵坐标的二维曲线。plot 函数的调用格式：

plot(x，y)：x，y 为长度相同的向量，存储 x 坐标和 y 坐标。

【例 5.1.1】　在[0，2pi]区间，绘制曲线，如图 5.1.2 所示。

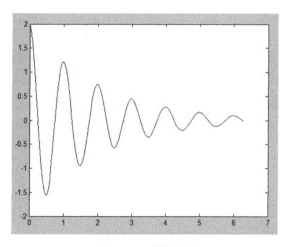

图 5.1.2　曲线图形

在命令窗口中输入以下命令：
>> x=0：pi/100：2*pi;
>> y=2*exp(-0.5*x).*cos(2*pi*x);
>> plot(x, y)

2. 含多个输入参数的 plot 函数

plot 函数可以包含若干组向量对，每一组可以绘制出一条曲线。含多个输入参数的 plot 函数调用格式为：

plot(x1, y1, x2, y2, …, xn, yn)

输入如下列命令可以在同一坐标中画出 3 条曲线(图 5.1.3)：
>> x=linspace(0, 2*pi, 100);
>> plot(x, sin(x), x, 2*sin(x), x, 3*sin(x))   %多参数的 plot

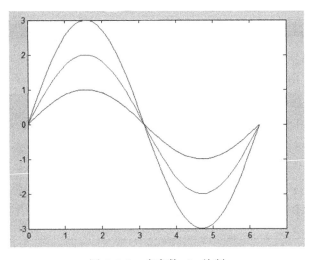

图 5.1.3 多参数 plot 绘制

若 x、y 均为同维同型实数矩阵，x = [x(i)]，y = [y(i)]，其中 x(i)，y(i)为列向量，则 plot(x, y)依次画出 plot(x(i), y(i))，矩阵有几列就画几条线。

【例 5.1.2】 绘制多个图形，执行如下代码可以绘制四条曲线(图 5.1.4)：
>> x=linspace(0, 2*pi, 100);
>> y1=sin(x);
>> y2=2*sin(x);
>> y3=3*cos(x);

```
>> x=[x; x; x]';
>> y=[y1; y2; y3]';
>> plot(x, y, x, cos(x))
```

x, y 都是含有三列的矩阵, 它们组成输入参数对, 绘制三条曲线; x 和 cos(x) 又组成一对, 绘制一条余弦曲线。

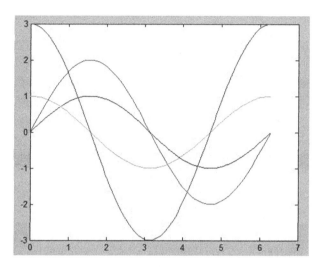

图 5.1.4 绘制多条曲线

利用 plot 函数还可以直接将矩阵的数据绘制在图形窗体中。函数 plot(Y) 中, 若 Y 为实数向量, Y 的维数为 m, 则 plot(Y) 等价于 plot(X, Y), 其中 x=1:m; 此时, plot 函数将矩阵的每一列数据作为一条曲线绘制在窗体中。

3. 含选项的 plot 函数

MATLAB 提供了一些绘图选项, 用于确定所绘曲线的线型、颜色和数据点标记符号。调用格式为:

plot(X1, Y1, LineSpec1, X2, Y2, LineSpec2, …): 将按顺序分别画出由三参数定义 Xi, Yi, LineSpeci 的线条。

在所有能产生线条的命令中, 参数 LineSepc 可以定义线条的下面三个属性: 线型、标记符号、颜色。对线条的上述属性可用字符串来定义, 如: plot(x, y, '-.or') 结合 x 和 y, 画出点画线(-.), 在数据点(x, y)处画出小圆圈(o), 线和标记都用红色画出。其中, 定义符(即字符串)中的字母、符号可任意组合。若没有定义符, 则画图命令 plot 自动用缺省值进行画图。若仅仅指定了标记符, 而非线型, 则 plot 只在数据点画出标记符。

LineSpec 代表的选项如表 5.1.1 所示。

表 5.1.1 线型标记符

LineSpec	说	明		
标记符	-	--	:	-.
线型	实线(缺省值)	画线	点线	点画线
标记符	R(red)	G(green)	b(blue)	c(cyan)
颜色	红色	绿色	蓝色	青色
标记符	M(magenta)	y(yellow)	k(black)	w(white)
颜色	品红	黄色	黑色	白色
标记符	+	o(字母)	*	.
标记类型	加号	小圆圈	星号	实点
标记符	d	^	v	>
标记类型	棱形	向上三角形	向下三角形	向右三角形
标记符	s	x	P	<
标记类型	正方形	交叉号	正五角星	向左三角形

【例 5.1.3】 在同一坐标内,分别用不同线型和颜色绘制曲线 $y_1 = 0.2e^{-0.5x}\cos(4\pi x)$ 和 $y_2 = 2e^{-0.5x}\cos(\pi x)$,标记两曲线交叉点。

执行代码如下:

>>x = linspace(0, 2 * pi, 1000);
>>y1 = 0.2 * exp(-0.5 * x). * cos(4 * pi * x);
>>y2 = 2 * exp(-0.5 * x). * cos(pi * x);
>>k = find(abs(y1-y2)<1e-2);   %查找 y1 与 y2 相等点(近似相等)的下标
>>x1 = x(k);   %取 y1 与 y2 相等点的 x 坐标
>>y3 = 0.2 * exp(-0.5 * x1). * cos(4 * pi * x1);   %求 y1 与 y2 值相等点的 y 坐标
>>plot(x, y1, x, y2, 'k:', x1, y3, 'bp');   %y1 缺省蓝色实线,y2 黑色点线,y3 蓝色五角星(图 5.1.5)

另外,还可以标记符号的大小,标记面填充颜色。

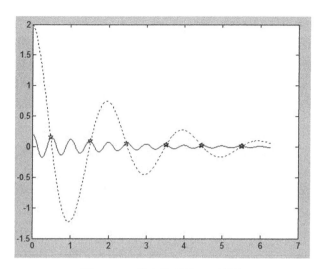

图 5.1.5 带有选项的 plot 图形

执行如下代码,结果如图 5.1.6 所示:

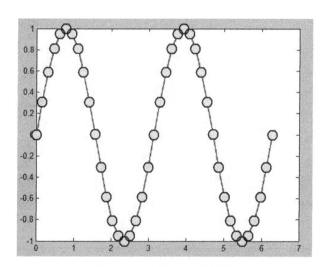

图 5.1.6 标记面填充颜色

```
>>t = 0: pi/20: 2 * pi;
>>plot(t, t. * cos(t), '-.r*')
>>plot(t, sin(2 * t), '-mo', 'LineWidth', 2, 'MarkerEdgeColor', 'k',
```

'MarkerFaceColor', [.49 1 .63], 'MarkerSize', 12)

4. 双纵坐标函数 plotyy

在 MATLAB 中，如果需要绘制出具有不同纵坐标标度的两个图形，可以使用 plotyy 函数，它能把具有不同量纲、不同数量级的两个函数绘制在同一个坐标中，有利于图形数据的对比分析。调用格式为：

plotyy(x1, y1, x2, y2)：x1, y1 对应一条曲线，x2, y2 对应另一条曲线。横坐标的标度相同，纵坐标有两个，左边的对应 x1, y1 数据对，右边的对应 x2, y2。

5.1.2 绘制图形的辅助操作

绘制完图形以后，可能还需要对图形进行一些辅助操作，以使图形意义更加明确、可读性更强。

1. 图形标注

在绘制图形时，可以对图形加上一些说明，如图形的名称、坐标轴说明以及图形某一部分的含义等，这些操作称为添加图形标注。有关图形标注函数的调用格式介绍如下：

1) title('图形名称')

title('string')：在当前坐标轴上方正中央放置字符串 string 作为标题；title(fname)：先执行能返回字符串的函数 fname，然后在当前轴上方正中央放置返回的字符串作为标题。

title(…, 'PropertyName', PropertyValue, …) 对由命令 title 生成的 text 图形对象的属性进行设置。

2) xlabel('x 轴说明') 和 ylabel('y 轴说明')

xlabel('string')、ylabel('string')：给当前轴对象中的 x、y 轴贴标签；注意：若再次执行 xlabel 或 ylabel 命令，则新的标签会覆盖旧的标签。xlabel(fname)、ylabel(fname) 先执行函数 fname，返回一个字符串，然后在 x、y 轴旁边显示出来。

3) text(x, y, '图形说明')

text 在当前轴中创建 text 对象。函数 text 是创建 text 图形句柄的低级函数，可用该函数在图形中指定的位置上显示字符串。

text(x, y, 'string')：在图形中指定的位置(x, y)上显示字符串 string；text(x, y, z, 'string')：在三维图形空间中的指定位置(x, y, z)上显示字符串 string；text(x, y, z, 'string', 'PropertyName', PropertyValue, …)：对引号中的文字 string 定位于用坐标轴指定的位置，且对指定的属性进行设置。表

5.1.2 列出了文字属性名、含义及属性值。

4) legend('图例1','图例2',…)

legend 在图形上添加图例。该命令对有多种图形对象类型(线条图,条形图,饼形图等)的窗口中显示一个图例。对于每一线条,图例都会在用户给定的文字标签旁显示线条的线型,标记符号和颜色等。当所画的是区域(patch 或 surface 对象)时,图例会在文字旁显示表面颜色。MATLAB 在一个坐标轴中仅仅显示一个图例。图例的位置由几个因素决定,如遮挡的对象等,用户可以用鼠标拖动图例到恰当的位置,双击标签可以进入标签编辑状态。图形标注的位置见图 5.1.7。

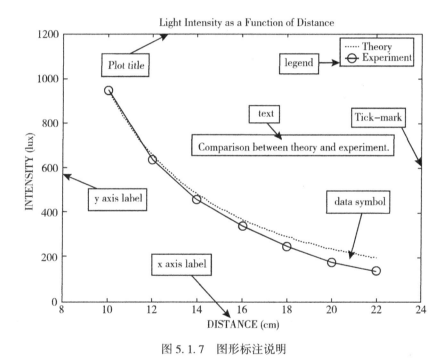

图 5.1.7 图形标注说明

【例 5.1.4】 在 $0 \leqslant x \leqslant 2\pi$ 区间内,绘制曲线 $y_1 = 2e^{-0.5x}$ 和 $y_2 = \cos(4\pi x)$,并给图形添加图形标注(见图 5.1.8)。

命令如下:
```
>>x=0: pi/100: 2*pi;
>>y1=2*exp(-0.5*x);
>>y2=cos(4*pi*x);
>>plot(x, y1, x, y2)
```

```
>>title('x from 0 to 2{\ pi}');          %加图形标题
>>xlabel('Variable X');                  %加 X 轴说明
>>ylabel('Variable Y');                  %加 Y 轴说明
>>text(0.8, 1.5, '曲线 y1 = 2e^{-0.5x}');  %在指定位置添加图形
                                           说明
>>text(2.5, 1.1, '曲线 y2=cos(4{\ pi}x)');
>>legend('y1', 'y2')                     %加图例
```

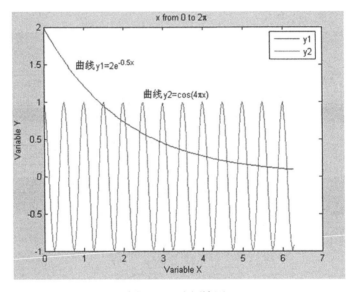

图 5.1.8　图形标注

除 legend 函数外，上述其他函数同样适用于三维图形，三维图形中 z 坐标轴的说明用 zlabel 函数。上述函数中提到的 PropertyName，PropertyValue 参照表 5.1.2 进行设置。

表 5.1.2　　　　　　　　　　常 用 属 性

属性名	属性说明	属性值
Editing	能否对文字进行编辑	有效值：on、off 缺省值：off
Interpretation	TeX 字符是否可用	有效值：tex、none 缺省值：tex

续表

属性名	属性说明	属性值
String	字符串(包括 TeX 字符串)	有效值:可见字符串
Extent	text 对象的范围(位置与大小)	有效值:[left, bottom, width, height]
HorizontalAlignment	文字水平方向的对齐方式	有效值:left(文本外框左边对齐,缺省对齐方式)、center(文本外框中间对齐)、right(文本外框右边对齐) 缺省值:left
Position	文字范围的位置	有效值:[x, y, z]直角坐标系 缺省值:[](空矩阵)
Rotation	文字对象的方位角度	有效值:标量(单位为度) 缺省值:0
Units	文字范围与位置的单位	有效值:pixels(屏幕上的像素点)、normalized(把屏幕看成一个长、宽为 1 的矩形)、inches(英寸)、centimeters(厘米)、points(图像点)、data 缺省值:data
VerticalAlignment	文字垂直方向的对齐方式	有效值:top(文本外框顶上对齐)、cap(文本字符顶上对齐)、middle(文本外框中间对齐)、baseline(文本字符底线齐)、bottom(文本外框底线对齐) 缺省值:middle
FontAngle	设置斜体文字模式	有效值:normal(正常字体)、italic(斜体字)、oblique(斜角字) 缺省值:normal
FontName	设置文字字体名称	有效值:用户系统支持的字体名或者字符串 FixedWidth 缺省值:Helvetica
FontSize	文字字体大小	有效值:结合字体单位的数值 缺省值:10 points

续表

属性名	属性说明	属性值
FontUnits	设置属性 FontSize 的单位	有效值：points（1点=1/72英寸）、normalized(把父对象坐标轴作为一单位长的一个整体；当改变坐标轴的尺寸时，系统会自动改变字体的大小)、inches（英寸）、Centimeters(厘米)、Pixels(像素) 缺省值：points
FontWeight	设置文字字体的粗细	有效值：light（细字体）、normal（正常字体）、demi(黑体字)、Bold（黑体字） 缺省值：normal
Clipping	设置坐标轴中矩形的剪辑模式	有效值：on、off on：当文本超出坐标轴的矩形时，超出的部分不显示 off：当文本超出坐标轴的矩形时，超出的部分显示。 缺省值：off
EraseMode	设置显示与擦除文字的模式。这些模式对生成动画系列与改进文字的显示效果很有好处	有效值：normal、none、xor、background 缺省值：normal
SelectionHighlight	设置选中文字是否突出显示	有效值：on、off 缺省值：on
Visible	设置文字是否可见	有效值：on、off 缺省值：on
Color	设置文字颜色	有效的颜色值：ColorSpec
HandleVisibility	设置文字对象句柄对其他函数是否可见	有效值：on、callback、off 缺省值：on
HitTest	设置文字对象能否成为当前对象(见图形 CurrentObject 属性)	有效值：on、off 缺省值：on
Children	文字对象的子对象(文字对象没有子对象)	有效值：[ ](即空矩阵)

续表

属性名	属性说明	属性值
Parent	文字对象的父对象(通常为 axes 对象)	有效值：axes 的句柄
Seleted	设置文字是否显示出"选中"状态	有效值：on、off 缺省值：off
Tag	设置用户指定的标签	有效值：任何字符串 缺省值：' '(即空字符串)
Type	设置图形对象的类型(只读类型)	有效值：字符串 'text'
UserData	设置用户指定数据	有效值：任何矩阵 缺省值：[ ](即空矩阵)
BusyAction	设置如何处理对文字回调过程中断的句柄	有效值：cancel、queue 缺省值：queue
ButtonDownFcn	设置当鼠标在文字上单击时，程序做出的反应(即执行回调程序)	有效值：字符串 缺省值：' '(空字符串)
CreateFcn	设置当文字被创建时，程序做出的反应(即执行的回调程序)	有效值：字符串 缺省值：' '(空字符串)
DeleteFcn	设置当文字被删除(通过关闭或删除操作)时，程序做出的反应(即执行的回调程序)	有效值：字符串 缺省值：' '(空字符串)
Interruptible	设置回调过程是否可中断	有效值：on、off 缺省值：on(能中断)
UIContextMenu	设置与文字相关的菜单项	有效值：用户相关菜单句柄

2. 设置图形分隔线

执行 grid 命令，实现二维或三维图形的坐标面增加分隔线。该命令会对当前坐标轴的 Xgrid、Ygrid、Zgrid 的属性有影响。grid on 命令给当前的坐标轴增加分隔线；grid off 命令从当前的坐标轴中去掉分隔线。

3. 图形缩放

执行 zoom 命令，实现对二维图形进行放大或缩小。放大或缩小会改变坐标轴范围。zoom on 命令打开交互式的放大功能；zoom off 命令关闭交互式放大功能；zoom out 命令将系统转回非放大状态，并将图形恢复原状。使用 zoom reset 命令，系统将记住当前图形的放大状态，作为放大状态的设置值。以后使用 zoom out 命令，或者是双击鼠标时，交互式放大状态打开，且图形并不是返回到原状，而是返回 reset 时的放大状态；zoom 命令用于切换放大的状态：on 和 off。

zoom(factor)命令用放大系数 factor 进行放大或缩小，而不影响交互式放大的状态。若 factor>1，系统将图形放大 factor 倍；若 0<factor≤1，系统将图形放大 1/factor 倍。

4. 图形保持

hold on/off 命令是控制保持原有图形还是刷新原有图形，不带参数的 hold 命令在两种状态之间进行切换。

5. 坐标轴控制

axis 函数的调用格式为：

axis([xmin xmax ymin ymax zmin zmax])

axis 函数功能丰富，常用的格式还有：

axis equal：纵、横坐标轴采用等长刻度。

axis square：产生正方形坐标系（缺省为矩形）。

axis auto：使用缺省设置。

axis off：取消坐标轴。

axis on：显示坐标轴。

5.2 三维图形

5.2.1 绘制三维曲线的基本函数

最基本的三维图形函数为 plot3，它将二维绘图函数 plot 的有关功能扩展到三维空间，可以用来绘制三维曲线，具体参数可参考 plot 函数的用法。其调用格式为：

plot3(x1, y1, z1, 选项 1, x2, y2, z2, 选项 2, …)：其中每一组 x, y, z 组成一组曲线的坐标参数，选项的定义和 plot 的选项一样。当 x, y, z 是同维向量时，x, y, z 对应元素构成一条三维曲线；当 x, y, z 是同维矩阵时，则以 x, y, z 对应列元素绘制三维曲线，曲线条数等于矩阵的列数。

【例 5.2.1】 绘制空间曲线。

执行如下代码，结果如图 5.2.1 所示：

\>\>t=0：pi/50：2*pi；

```
>>x=8*cos(t);
>>y=4*sqrt(2)*sin(t);
>>z=-4*sqrt(2)*sin(t);
>>plot3(x, y, z, 'p');
>>title('Line in 3-D Space');
>>text(0, 0, 0, 'origin');
>>xlabel('X'); ylabel('Y'); zlabel('Z');
>>grid;
```

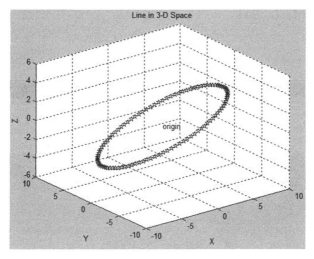

图 5.2.1 三维图形

5.2.2 三维曲线、面

MATLAB 提供了 mesh 函数和 surf 函数来绘制三维曲面图。mesh 函数用来绘制三维网格图,而 surf 函数用来绘制三维曲面图,各线条之间的补面用颜色填充。其调用格式为:

mesh(x, y, z, c)和 surf(x, y, z, c)

一般情况下,x,y,z 是维数相同的矩阵,x,y 是网格坐标矩阵,z 是网格点上的高度矩阵,c 用于指定在不同高度下的颜色范围。当 c 省略时,MATLAB 认为 c=z,即颜色的设定是正比于图形的高度的。这样就可以得到层次分明的三维图形。当 x,y 省略时,把 z 矩阵的列下标当做 x 轴的坐标,把 z 矩阵的行下标当做 y 轴的坐标,然后绘制三维图形。当 x,y 是向量时,要求 x 的长度必须等于 z 矩阵的列,y 的长度必须等于 z 的行,x,y 向量元素的组合构成网格点的 x,y 坐标,z 坐标则取自 z 矩阵,然后绘制三维曲线。

【例 5.2.2】 执行如下代码,结果如图 5.2.2 所示:
```
>>[X,Y] = meshgrid(-3:.125:3);
>>Z = peaks(X,Y);
>>subplot(1,2,1);
>> surf(X,Y,Z)
>>subplot(1,2,2);
>>mesh(X,Y,Z)
>>xlabel('x-axis'),ylabel('y-axis'),zlabel('z-axis');
```

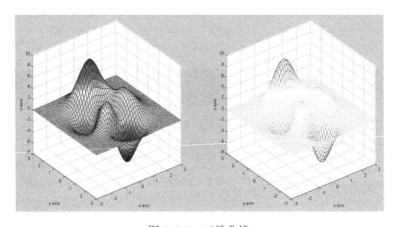

图 5.2.2　三维曲线

此外,还有两个和 mesh 函数相似的函数,即带等高线的三维网格曲面函数 meshc 和带底座的三维网格曲面函数 meshz,其用法和 mesh 类似。所不同的是,meshc 还在 xy 平面上绘制曲面在 z 轴方向的等高线,meshz 还在 xy 平面上绘制曲面的底座。

surf 函数也有两个类似的函数,即具有等高线的曲面函数 surfc 和具有光照效果的曲面函数 surfl。

【例 5.2.3】 在 xy 平面内选择区域[-8,8]×[-8,8],绘制 4 种三维曲面图(图 5.2.3)。

程序如下：
[x, y] = meshgrid(-8: 0.5: 8);
z = sin(sqrt(x.^2+y.^2))./sqrt(x.^2+y.^2+eps);
subplot(2, 2, 1);
mesh(x, y, z); title('mesh(x, y, z)')
subplot(2, 2, 2);
meshc(x, y, z); title('meshc(x, y, z)')
subplot(2, 2, 3);
meshz(x, y, z) title('meshz(x, y, z)')
subplot(2, 2, 4);
surf(x, y, z); title('surf(x, y, z)')

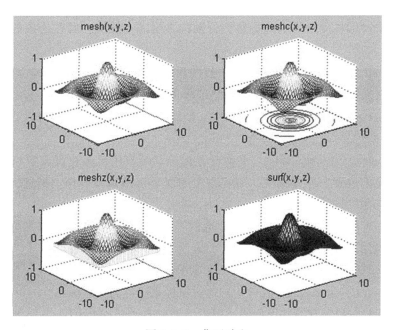

图 5.2.3　曲面对比

5.2.3　三维等高线

MATLAB 调用 contour 函数绘制等高线，调用格式为：

contour(z)：根据矩阵 z 画出等高线，x，y 轴的范围是[1：n]和[1：m]，[m，n]=size(Z)，Z 是以 x，y 为平面的高度；

contour(x，y，z)：(x，y)是平面 z=0 上点的坐标矩阵，z 为相应点的高度值矩阵，效果同上；

contour(z，n)：画出 n 条等高线；

contour(x，y，z，n)：画出 n 条等高线；

contour(z，v)： 在指定的高度 v 上画出等高线；

contour(x，y，z，v)：同上；

contour(…，'linespec')：'linespec' 可以指定等高线的颜色或者线型；

[c，h] = contour(…)：返回如同 contourc 命令描述的等高矩阵 c 和线句柄或块句柄列向量 h，这些可作为 clabel 命令的输入参量，每条线对应一个句柄，句柄中的 userdata 属性包含每条等高线的高度值。

clabel 函数在二维等高线图中添加高度标签。在下列形式中，若有 h 出现，则会对标签进行恰当的旋转，否则标签会竖直放置，且在恰当的位置显示一个"+"号：

clabel(C，h)：把标签旋转到恰当的角度，再插入到等高线中。只有等高线之间有足够的空间时才加入，当然这取决于等高线的尺度。

clabel(C，h，v)：在指定的高度 v 上显示标签 h。当然，要对标签做恰当的处理。

clabel(C，h，'manual')：手动设置标签。用户用鼠标左键或空格键在最接近指定的位置上放置标签，用键盘上的回车键结束该操作。当然，要对标签做恰当的处理。

clabel(C)：在从命令 contour 生成的等高线结构 c 的位置上添加标签。此时，标签的放置位置是随机的。

clabel(C，v)：在给定的位置 v 上显示标签。

clabel(C，'manual')：允许用户通过鼠标来给等高线贴标签。

【例 5.2.4】 执行如下代码，图形结果如图 5.2.4 所示：

\>\>subplot(1，3，1)；

\>\>[cs，h] = contour(peaks)；

\>\>clabel(cs，h，'labelspacing'，72)；

%LabelSpacing 表示每条等值线距离多远标注一个值，默认为 72，每条线标注很多；只需要一个时，将该值设置较大，则每条线仅标一个

\>\>subplot(1，3，2)；

```
>>cs = contour(peaks);
>>clabel(cs);         %标签竖直放置
>>subplot(1,3,3);
>>[cs,h] = contour(peaks);
>>clabel(cs,h,'FontSize',15,'Color','r','Rotation',0);
      %标签字体大小 15、颜色为红，旋转角为 0
```

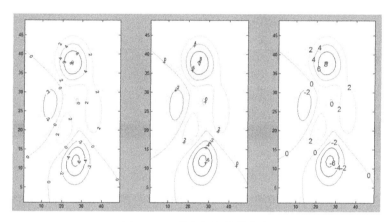

图 5.2.4　带有标签的等高线

contourf 函数用于填充二维等高线图，即先画出不同等高线，然后相邻的等高线之间用同一颜色进行填充。填充用的颜色取决于当前的色图颜色。具体参数与 contour 相似。

contourf(Z)：矩阵 Z 的等高线图，其中 Z 理解成距平面的高度。Z 至少为 2×2 阶的矩阵。等高线的条数与高度是自动选择的。

contourf(Z,n)：画出矩阵 Z 的 n 条高度不同的等高线。

contourf(Z,v)：画出矩阵 Z 的、由 v 指定的高度的等高线图。

[C,h,CF] = contourf(…)：画出图形，同时返回与命令 contourc 中相同的等高线矩阵 C，C 也可被命令 clabel 使用；返回包含 patch 图形对象的句柄向量 h；返回一个用于填充用的矩阵 CF。

【例 5.2.5】　执行如下代码，结果如图 5.2.5 所示：

```
>> [cs,h] = contourf(peaks);
>> clabel(cs,h,'FontSize',15,'Color','r','Rotation',0);
```

第5章 绘图与图形处理

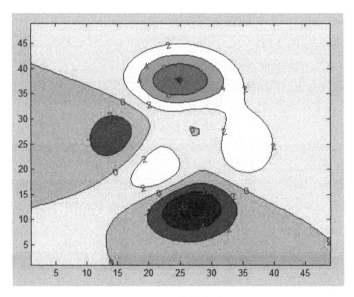

图 5.2.5 等值线填充

5.3 通用图形函数

5.3.1 图形对象句柄

函数 figure 用于创建一个新的图形对象。图形对象为在屏幕上单独的窗口，在窗口中可以输出图形，调用格式为：

figure('PropertyName', PropertyValue,…)：对指定的属性 PropertyName 用指定的属性值 PropertyValue（属性名与属性值成对出现）创建一个新的图形窗口，对于那些没有指定的属性，则用缺省值。属性名与有效的属性值见表 5.3.1~表 5.3.6。

figure(h)：若 h 为一个已经存在的图形的句柄，则 figure(h)使由 h 标记的图形成为当前图形，使它可见，且在屏幕上把它显示到所有图形之前。当前图形为图像输出的地方。若 h 不是已经存在图形的句柄，但是为一整数，则该命令生成一图形窗口，同时把该窗口的句柄赋值为 h；若 h 不是一图形窗口的句柄，也不是一整数，则返回一错误信息。

h = figure(…)：返回图形窗口对象的句柄给 h。

表 5.3.1　　　　　　　　　　　窗 口 位 置

属性名	属性说明	有效属性值
Position	图形窗口的位置与大小	有效值：四维向量[left, bottom, width, height] 缺省值：取决于显示
Units	用于解释属性 Position 的单位	有效值：inches(英寸)、centimeters(厘米) normalized(标准化单位，认为窗口长宽都是1) points(点)、pixels(像素)、characters(字符) 缺省值：pixels

表 5.3.2　　　　　　　　　　指定类型与外在显示

属性名	属性说明	有效属性值
Color	窗口的背景颜色	有效值：ColorSpec(有效的颜色参数) 缺省值：取决于颜色表(参见命令 colordef)
Name	显示图形窗口的标题	有效值：任意字符串；缺省值：' '
NumberTitle	标题栏中是否显示 'Figure No. n'，其中 n 为图形窗口的编号	有效值：on、off；缺省值：on
Resize	指定图形窗口是否可以通过鼠标改变大小	有效值：on、off；缺省值：on
SelectionHighlight	当图形窗口被选中时，是否突出显示	有效值：on、off；缺省值：on
Visible	确定图形窗口是否可见	有效值：on、off；缺省值：on
WindowStyle	指定窗口为标准窗口还是典型窗口	有效值：normal(标准窗口)、modal(典型窗口) 缺省值：normal

第5章 绘图与图形处理

表 5.3.3 控制色图

属性名	属性说明	有效属性值
Colormap	图形窗口的色图	有效值：m×3 阶的 RGB 颜色矩阵 缺省值：jet 色图
MinColormap	系统颜色表中能使用的最少颜色数	有效值：任一标量；缺省值：64
ShareColors	允许 MATLAB 共享系统颜色表中的颜色	有效值：on、off；缺省值：on

表 5.3.4 指定透明度

属性名	属性说明	有效属性值
Alphamap	图形窗口的 α 色图，用于设定透明度。	有效值：m×1 维向量，每一分量在 [0，1]之间 缺省值：64×1 维向量

表 5.3.5 指定渲染模式

属性名	属性说明	有效属性值
BackingStore	打开或关闭屏幕像素缓冲区	有效值：on、off；缺省值：on
DoubleBuffer	对于简单的动画渲染是否使用快速缓冲	有效值：on、off；缺省值：off
Renderer	用于屏幕和图片的渲染模式	有效值：painters、zbuffer、OpenGL 缺省值：系统自动选择

表 5.3.6 图形窗口的一般信息

属性名	属性说明	有效属性值
Children	显示于图形窗口中的任意对象句柄	有效值：句柄向量
FileName	命令 guide 使用的文件名	有效值：字符串
Parent	图形窗口的父对象：根屏幕	有效值：总是 0(即根屏幕)
Selected	是否显示窗口的"选中"状态	有效值：on、off；缺省值：on
Tag	用户指定的图形窗口标签	有效值：任意字符串；缺省值：''

续表

属性名	属性说明	有效属性值
Type	图形对象的类型(只读类型)	有效值:'figure'
UserData	用户指定的数据	有效值:任一矩阵;缺省值:[ ]
RendererMode	缺省的或用户指定的渲染程序	有效值:auto(默认)、manual 缺省值:auto

5.3.2 图形窗口的控制

1. subplot 函数

subplot 将当前图形窗口分隔成几个矩形部分,不同的部分是按行方向以数字进行标号的。每一部分有一坐标轴,后面的图形输出于当前的部分中。

subplot(m, n, p):将一图形窗口分成 m×n 个小窗口,在第 p 个小窗口中创建一坐标轴,则新的坐标轴成为当前坐标轴。若 p 为一向量,则创建一坐标轴,包含所有罗列在 p 中的小窗口。

subplot(h):使句柄 h 对应的坐标轴称为当前的,用于后面图形的输出显示。

subplot('Position', [left bottom width height]):在由 4 个元素指定的位置上创建一坐标轴。位置元素的单位为归一化单位。

h = subplot(…):返回一新坐标的句柄于 h。

【例 5.3.1】 将 4 个图形显示在同一个图形窗口中。

执行如下代码,结果如图 6.3.1 所示:
```
>>t=0: pi/20: 2*pi;
>> [x, y]=meshgrid(t);
>>subplot(2, 2, 1);
>> plot(sin(t), cos(t));
>>axis equal
>>subplot(2, 2, 2);
>>z=sin(x)+cos(y);
>>plot(t, z);
>>axis([0 2*pi -2 2])
>>subplot(2, 2, 3);
>>z=sin(x).*cos(y);
```

```
>>plot(t, z);
>>axis([0 2*pi -1 1])
>>subplot(2, 2, 4);
>>z=sin(x).^2-cos(y).^2;
>>plot(t, z);
>>axis([0 2*pi -1 1])
```

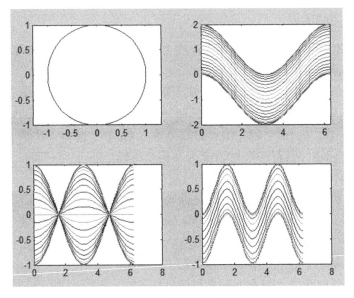

图 5.3.1 图形窗口分隔

2. gcf 函数

h = gcf：返回当前图形窗口的句柄。当前窗口为由命令 plot、title 与 surf 等得到的结果。若不存在图形窗口，则系统自动地生成一个，并返回它的句柄。若用户想当图形窗口不存在时也不创建新的，则输入 get(0, 'CurrentFigure')。

3. clf 函数

clf 函数清除当前图形窗口。该命令在命令窗口中执行与在回调程序中执行效果是一样的，即它不能区别由 callback 设置的属性 HandleVisibility，也就是说，当它从一回调程序中执行时，命令 clf 仅仅删除属性 HandleVisibility 为 on 的图形对象。

clf reset 命令无条件地清除当前图形窗口中所有的图形对象，且重新设置所有图形窗口属性为缺省值,除了属性 Position、Units、PaperPosition、PaperUnits。

4. close 函数

close(h):删除由句柄 h 指定的图形窗口。若 h 为一向量或矩阵,则 close 全部删除其中每一分量指定的图形句柄。

close name:删除指定名字 name 的窗口。

close all:删除所有没有隐藏的图形。

close all hidden:删除所有具有隐藏的图形。

status = close(…):若成功地删除了指定的对象,则返回 status=1;否则返回 0。

第6章 用户界面 GUI 设计

用户界面是用户与计算机进行信息交流的方式。计算机在屏幕显示图形和文本，若有扬声器，还可产生声音。用户通过输入设备(如键盘、鼠标、跟踪球、绘制板或麦克风)，与计算机通信。图形用户界面(Graphical User Interfaces，GUI)则是由窗口、光标、按键、菜单、文字说明等对象(Objects)构成的一个用户界面。它让用户定制用户与 MATLAB 的交互方式，而命令窗口不是唯一与 MATLAB 的交互方式。用户通过一定的方法(如鼠标或键盘)选择、激活这些图形对象，使计算机产生某种动作或变化，比如实现计算、绘图等。

假如读者所从事的数据分析、解方程、计算结果可视工作比较单一，那么一般不会考虑 GUI 的制作。但是，如果读者想向别人提供应用程序，进行某种技术、方法的演示，制作一个供反复使用且操作简单的专用工具，那么，图形用户界面也许是最好的选择之一。

创建 MATLAB GUI 界面通常有两种方式：(1)使用 .m 文件直接动态添加控件；(2)使用 GUIDE 快速地生成 GUI 界面。本章仅介绍 GUIDE 方式创建 GUI 界面。

6.1 图形用户界面设计工具

MATLAB 中设计图形用户界面的方法有两种：使用可视化的界面环境、通过编写程序代码实现。

6.1.1 界面设计工具和启动

1. 图形用户界面设计工具的启动

图形用户界面设计工具的启动方式有命令方式和菜单方式：

(1)命令方式：guide 或 guide filename。

guide 启动 GUI 设计工具，并建立名字为 untitled.fig 的图形用户界面；

guide filename 启动 GUI 设计工具，并打开已建立的图形用户界面 filename。

（2）菜单方式：在 MATLAB 的主窗口中，选择 File 菜单中的 New 菜单项，再选择其中的 GUI 命令，就会显示 GUI 的设计模板(图 6.1.1)。

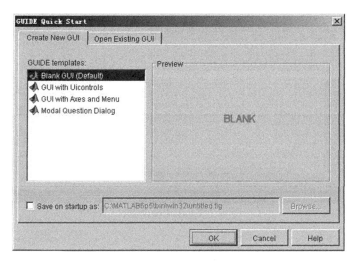

图 6.1.1　GUI 的设计模板

MATLAB 为 GUI 设计一共准备了 4 种模板，分别是：
（1）Blank GUI(Default)（空白模板，默认）；
（2）GUI with Uicontrols（带控件对象的 GUI 模板）；
（3）GUI with Axes and Menu（带坐标轴与菜单的 GUI 模板）；
（4）Modal Question Dialog（带模式问题对话框的 GUI 模板）。
当用户选择不同的模板时，在 GUI 设计模板界面的右边就会显示出与该模板对应的 GUI 图形。

2. 图形用户界面设计窗口

在 GUI 设计模板中选中一个模板，然后单击 OK 按钮，就会显示 GUI 设计窗口。选择不同的 GUI 设计模式时，在 GUI 设计窗口中显示的结果是不一样的。

图形用户界面 GUI 设计窗口由菜单栏、编辑工具条、对象模板区以及图形对象设计区 4 个功能区组成(图 6.1.2)。

GUI 设计窗口的菜单栏有 File、Edit、View、Layout、Tools 和 Help 6 个菜单项，使用其中的命令可以完成图形用户界面的设计操作。编辑工具在菜单栏的下方，提供了常用的工具；设计工具区位于窗口的左半部分，提供了设

101

第6章 用户界面 GUI 设计

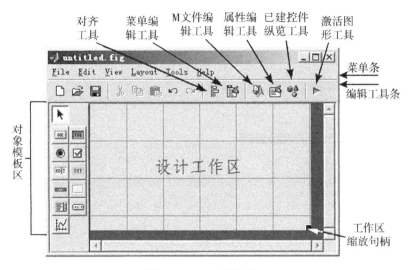

图 6.1.2 GUI 设计窗口

计 GUI 过程中所用的用户控件；空间模板区是为网格形式的用户设计 GUI 提供的空白区域。在 GUI 设计窗口创建图形对象后，通过双击该对象，就会显示该对象的属性编辑器。

6.1.2 图形用户界面设计工具

MATLAB 提供了一套可视化的创建图形窗口的工具，使用图形用户界面开发环境可方便地创建 GUI 应用程序，它可以根据用户设计的 GUI 布局，自动生成 M 文件的框架，用户使用这一框架编制自己的应用程序。

各个工具说明如下：

1. 布局编辑器(Layout Editor)

在图形窗口中创建及布置图形对象。布局编辑器是可以启动用户界面的控制面板，上述工具都必须从布局编辑器中访问，图 6.1.3 为布局编辑器。

(1) 将控件对象放置到布局区。鼠标选择并放置控件到布局区内；移动控件到适当的位置；改变控件的大小；选中多个对象的方法。

(2) 激活图形窗口。如所建立的布局还没有进行存储，可用 File 菜单下的 Save As 菜单项(或工具栏中的对应项)，按输入的文件的名字，在激活图形窗口的同时将存储一对同名的 M 文件和带有 .fig 扩展名的 FIG 文件。

(3) 运行 GUI 程序。在命令窗口直接键入文件名或用 openfig、open 或

6.1 图形用户界面设计工具

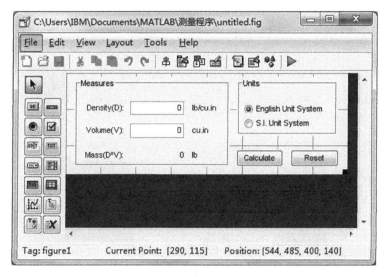

图 6.1.3 布局编辑器

hgload 命令运行 GUI 程序；另外，执行 Run Figure 也能运行（图 6.1.4）。

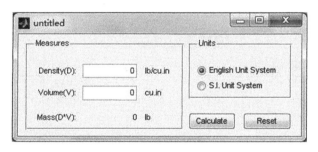

图 6.1.4 运行 GUI 程序

（4）布局编辑器参数设置。选 File 菜单下的 Preferences 菜单项打开参数设置窗口，点击树状目录中的 Guide，即可以设置布局编辑器的参数。

（5）布局编辑器的弹出菜单。在任一控件上按下鼠标右键，会弹出一个菜单（图 6.1.5），通过该菜单可以完成布局编辑器的大部分操作。

2. 几何排列工具（Alignment Tool）

调整各对象相互之间的几何关系和位置（图 6.1.6）；利用位置调整工具，可以对 GUI 对象设计区内的多个对象的位置进行调整。在选中多个对象后，

103

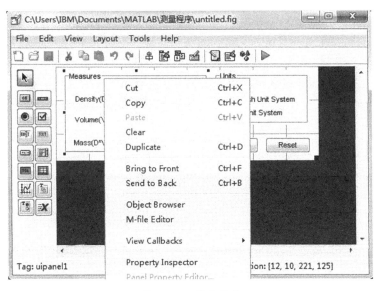

图 6.1.5　弹出菜单

可以方便地通过对象位置调整器调整对象间的对齐方式和距离。

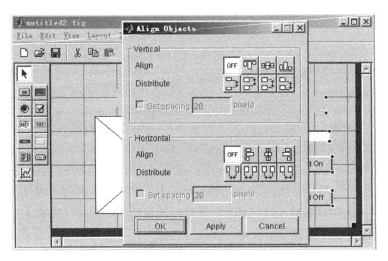

图 6.1.6　几何排列工具

3. 属性查看器

利用对象属性查看器,可以查看每个对象的属性值,也可以修改、设置对象的属性值。

在控件对象上单击鼠标右键，选择弹出菜单的 Property Inspector 菜单项；或从 GUI 设计窗口工具栏上选择 Property Inspector 命令按钮(图 6.1.7)。

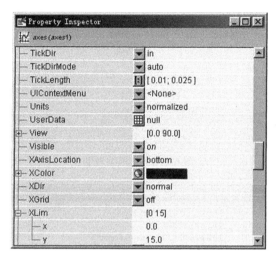

图 6.1.7　属性查看器

4. 菜单编辑器(Menu Editor)

利用菜单编辑器，可以创建、设置、修改下拉式菜单和快捷菜单。选择 Tools 菜单下的 Menu Editor… 子菜单，即可打开菜单编辑器。

菜单编辑器包括菜单的设计和编辑，菜单编辑器有 8 个快捷键，可以利用它们任意添加或删除菜单，可以设置菜单项的属性，包括名称(Label)、标识(Tag)、选择是否显示分隔线(Separator above this item)、是否在菜单前加上选中标记(Item is checked)、调用函数(Callback)。

菜单编辑器左上角的第一个按钮用于创建一级菜单项，第二个按钮用于创建一级菜单的子菜单(图 6.1.8)。

5. 对象浏览器(Object Browser)

利用对象浏览器，可以查看当前设计阶段的各个句柄图形对象，可以在对象浏览器中选中一个或多个控件来打开该控件的属性编辑器。

打开对象浏览器的方式：在设计区域单击鼠标右键，选择弹出菜单的 Object Browser；或从 GUI 设计窗口的工具栏上选择 Object Browser 命令按钮(图 6.1.9)。

第 6 章 用户界面 GUI 设计

图 6.1.8 菜单编辑器

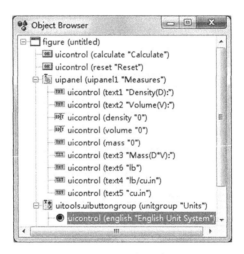

图 6.1.9 对象浏览器

6.1.3 用户界面控制

uicontrol 是 user interface control 的缩写(用户界面控制)。在各计算机平台上,窗口系统都采用控制框和菜单,让用户进行某些操作,或设置选项或属性。控制框是图形对象,如图标、文本框和滚动条,它和菜单一起使用以建立用户图形界面,称为窗口系统和计算机窗口管理器。MATLAB 控制框又称uicontrol,与窗口管理器所用的函数十分相似。它们是图形对象,可以放置在MATLAB 图形窗中的任何位置,并用鼠标激活。MATLAB 的 uicontrol 包括按钮、滑标、文本框及弹出式菜单。Uicontrol 由函数 uicontrol 生成。

调用格式：

Hc_1 = uicontrol(Hf_fig, 'PropertyName', PropertyValue, …)

其中，Hc_1 是由函数 uicontrol 生成 uicontrol 对象的句柄。通过设定 uicontrol 对象的属性值 PropertyName，PropertyValue 定义了 uicontrol 的属性；Hf_fig 是父对象的句柄，它必须是图形。如果图形对象句柄省略，就用当前的图形建立不同类型的控制框。MATLAB 共有 8 种不同类型的控制框，它们均用函数 uicontrol 建立。属性 Style 决定了所建控制框的类型。Callback 属性值是当控制框激活时，传给 eval 在命令窗口空间执行的 MATLAB 字符串。用户可以通过命令 set 与 get 来设置与询问生成对象的属性值。

6.2 控件对象及属性

6.2.1 控件对象

控件对象是事件响应的图形界面对象。当某一事件发生时，应用程序会做出响应并执行某些预定的功能子程序(Callback)。MATLAB 中的控件大致可分为两种：一种为动作控件，鼠标点击这些控件时会产生相应的响应；一种为静态控件，是一种不产生响应的控件，如文本框等。

每种控件都有一些可以设置的参数，用于表现控件的外形、功能及效果，即属性。属性由两部分组成：属性名和属性值，它们必须是成对出现的，在表 6.2.1 中列出了常用控件及作用。

表 6.2.1　　　　　　　　　常 用 控 件

控件名称	功　能
按钮(Push Buttons)	执行某种预定的功能或操作
文本编辑器(Editable Texts)	用来使用键盘输入字符串的值，可以对编辑框中的内容进行编辑、删除和替换等操作
单选框(Radio Button)	单个的单选框用来在两种状态之间切换，多个单选框组成一个单选框组时，用户只能在一组状态中选择单一的状态，或称为单选项
复选框(Check Boxes)	单个的复选框用来在两种状态之间切换，多个复选框组成一个复选框组时，可使用户在一组状态中作组合式的选择，或称为多选项

续表

控件名称	功　能
静态文本框(Static Texts)	仅用于显示单行的说明文字
列表框(List Boxes)	在其中定义一系列可供选择的字符串
组框(Frames)	在图形窗口圈出一块区域,将其中的控件组合在一起
滚动条(Slider)	可输入指定范围的数量值
弹出式菜单(Popup Menus)	让用户从一列菜单项中选择一项作为参数输入
坐标轴(Axes)	用于显示图形和图像

6.2.2 控件属性

控件对象有两类属性:第一类是所有控件对象都具有的公共属性;第二类是控件对象作为图形对象所具有的属性用户可以在创建控件对象时,设定其属性值,未指定时将使用系统缺省值。表 6.2.2~表 6.2.5 列出了控件属性及其作用。

表 6.2.2　　　　　　　　　　公 共 属 性

属性	作　用
Children	取值为空矩阵,因为控件对象没有自己的子对象
Parent	取值为某个图形窗口对象的句柄,该句柄表明了控件对象所在的图形窗口
Tag	取值为字符串,定义了控件的标识值,在任何程序中都可以通过这个标识值控制该控件对象
Type	取值为 uicontrol,表明图形对象的类型
UserDate	取值为空矩阵,用于保存与该控件对象相关的重要数据和信息
Visible	取值为 on 或 off,用于设置控件是否可见

表 6.2.3　　　　　　　　　　控 制 属 性

属性	作　用
BackgroundColor	取值为颜色的预定义字符或 RGB 数值;缺省值为浅灰色
Enable	取值为 on(缺省值),inactive 和 off
Extend	取值为四元素矢量[0,0,width,height],记录控件对象标题字符的位置和尺寸

续表

属性	作用
ForegroundColor	取值为颜色的预定义字符或 RGB 数值，该属性定义控件对象标题字符的颜色；缺省值为黑色
String	取值为字符串矩阵或块数组，定义控件对象标题或选项内容
Style	取值可以是 pushbutton（缺省值）、radiobutton、checkbox、edit、text、slider、frame、popupmenu 或 listbox
Units	取值可以是 pixels（缺省值）、normalized（相对单位）、inches、centimeters（厘米）或 points（磅）
Position	控件对象的尺寸和位置
TooltipString	提示信息显示。当鼠标指针位于此控件上时，显示提示信息

表 6.2.4　　　　　　　　　　　　**控制修饰属性**

属性	作用
FontAngle	取值为 normal（正体，缺省值）、italic（斜体）、oblique（方头）
FontName	取值为控件标题等字体的字库名
FontSize	取值为数值
FontUnits	取值为 points（缺省值）、normalized、inches、centimeters 或 pixels
HorizontalAlignment	取值为 left、center（缺省值）或 right，定义控件对象标题等的对齐方式
FontWeight	取值为 normal（缺省值）、light、demi 和 bold，定义字符的粗细

表 6.2.5　　　　　　　　　　　　**控制修饰属性**

属性	作用
Callback	取值为字符串，可以是某个 M 文件名或一小段 MATLAB 语句，当用户激活某个控件对象时，应用程序就运行该属性定义的子程序
ButtonDownFcn	按钮按下时的处理函数
CreateFcn	在对象产生过程中执行的回调函数
DeleteFcn	删除对象过程中执行的回调函数
BusyAction	处理回调函数的中断。有两种选项：cancel：取消中断事件；queue：排队（默认设置）

每个控件都有几种回调函数,右键选中的控件一般会有如图 6.2.1 所示菜单。当点击相应的函数后,就可以跳转到相应的 Editor 中编辑代码,GUIDE 会自动生成相应的函数体,函数名一般是 控件 Tag+ Call 类型名,参数有 3 个(hObject,eventdata,handles)。如:

function calculate_Callback(hObject, eventdata, handles)
% hObject   handle to calculate (see GCBO)
% eventdata reserved-to be defined in a future version of MATLAB
% handles   structure with handles and user data (see GUIDATA)
mass = handles. metricdata. density * handles. metricdata. volume;
set(handles. mass, 'String', mass);

其中,hObject 为发生事件的源控件,eventdata 为事件数据结构,handles 为传入的对象句柄。CreateFcn 是在控件对象创建的时候发生(一般为初始化样式、颜色、初始值等);DeleteFcn 在空间对象被清除的时候发生;ButtonDownFcn 和 KeyPressFcn 分别为鼠标点击和按键事件的 Callback。

CallBack 为一般回调函数,因不同的控件而异,如按钮被按下时发生、下拉框改变值时发生、sliderbar 拖动时发生等。

图 6.2.1 回调函数

6.3 GUI 程序设计

GUI 程序设计包括图形用户界面的设计和功能设计两个方面，用户界面设计已在第 6.1 节介绍，本节内容通过设计一个简单的计算器来说明 GUI 设计的方法和过程。

【例 6.3.1】 设计一个 GUI 程序，实现两个数的四则运算。
(1) 启动 CUIDE。
>> guide
(2) 这里选择第一个标签下的"Blank GUI"(空白 GUI)，结果如图 6.3.1 所示。

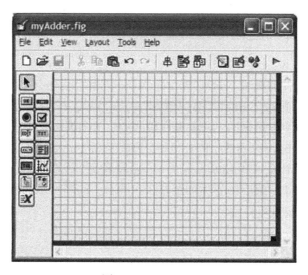

图 6.3.1　Blank GUI

(3) 添加控件到 figure 中，并设置每个控件的属性。
控件操作方法：
①在左边的控件面板中鼠标左击选择所需要的控件，然后放开鼠标；
②在右边的 figure 中按住左键，画出控件，于是空间就在 figure 上；
③可以用鼠标拖拽 figure 上所有控件，来改变它们的位置；
④在控件上双击鼠标左键(右击是快捷菜单)，可打开控件属性面板；
本例需要的控件：3 个"编辑文本框"(Edit Text)，2 个"静态文本框"(Static Text)，1 个 Pop-up Menu，1 个"确定按钮"(Push Button)。如图 6.3.2

111

所示。

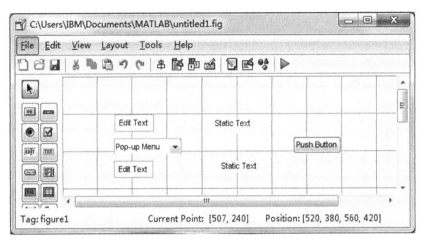

图 6.3.2 布置控件

(4) 编辑控件的属性。选中 Pop-up Menu 控件，点击工具栏上的 Property InsPector 按钮，修改 String 属性。输入"＋，－，＊，／"四个字符，每行一个（图 6.3.3）；3 个编辑框的 String 属性设为空，3 个编辑框的 Tag 属性用默认值，即 edit1、edit2 和 edti3；其中的一个静态框的 String 设置为"＝"，另一个设置为"输入两个数"；PushButton 的 string 设置为"计算"，PushButton 的 Tag 设置为"Copmute"。最后的界面如图 6.3.4 所示。同理可以修改各个控件的其他属性，如"fontsize"。

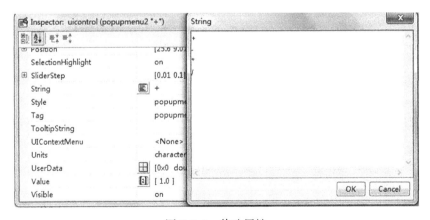

图 6.3.3 修改属性

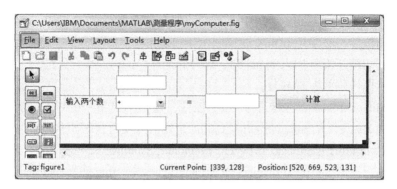

图 6.3.4 最终界面

将编辑完的 GUI 程序保存为 myComputer，此时，在当前目录下，MATLAB 将自动生成两个文件 myComputer.m 和 myComputer.fig。

（5）编写功能代码。在保存 GUI 程序时，MATLAB 会自动生成.fig 和.m 文件，其中的.m 就是现在要操作的对象。在 M 文件中，发现里面有很多 function 的代码，随着学习的深入，逐步理解其作用。本节的重点是控件的 Callback。向 M 文件中添加控件的回调函数相应用户的操作，是 GUI 编程的核心内容，需要掌握 MATLAB 基本编程以及图形句柄语句。

Callback 函数中有 3 个参数，handles 包含 figure 中所有图形对象句柄的结构体，GUI 中的所有控件使用同一个 handles 结构体，handles 结构体中保存了图形窗口中所有对象的句柄，可以使用 set/get 函数设置/获取某个控件属性。

在创建好的界面 myComputer.fig 的空白处右击，选择菜单项 Property InsPector→Tag，这一项的名字默认为 figure1。figure1 在函数中就代表此界面。当设置界面中控件的值时需要用到 handles。例如，设置图形窗口中静态文本控件 text1 上的文字为"等于"：set(handles.text1,'string','等于')。

handles 另一个常见的作用是用来保存数据，例如：要将向量 X 中的数据保存到 handles 结构体中，按照下面的步骤进行操作：

①给 handles 结构体添加新字段并赋值，即

handles.mydata=X;

②handles 结构数据的取得和存储是通过 guidata 函数来实现，即

guidata(hObject, handles)

其中，hObject 是执行回调的控件对象的句柄。

例如，在编辑框 edit 的回调函数内想获得 t 编辑框的句柄，可以用 hObject，也可以用 handles.edit，这两个值是一样的，没有区别，只不过获得

控件句柄的方式不同而已：hObject 是调用回调函数时直接传过来的，handles.edit 是从 handles 结构中取得的。但是，在控件的 CreateFcn 函数中如果想访问控件，必须用 hObject，而不能用 handles.edit，因为这时控件还没被创建，其句柄还没有加入到 handles 结构中。

编辑框代码的实现部分：

①edit1_callback。右键选中 edit1 控件，选择菜单项 CallBack，此时光标会跳转到 .m 文件的 function edit1_Callback 处，方便直接编辑代码。

```
function edit1_Callback(hObject, eventdata, handles)
    input = str2num(get(hObject, 'String'));   % string 属性是字符串，所以必须转换成数值
    if (isempty(input))        %检验输入是否为空，否则将它置为 0
        set(hObject, 'String', '0')
    end
    guidata(hObject, handles);   %这里由于 handles 没有改变，故这里其实没有必要增加该语句
```

同理为 edit2 的 CallBack 函数添加相同的代码。

②编辑 Copmute_Callback 回调函数。

```
function Compute_Callback(hObject, eventdata, handles)
% hObject    handle to Compute (see GCBO)
% eventdata  reserved-to be defined in a future version of MATLAB
% handles    structure with handles and user data (see GUIDATA)
a = get(handles.edit1, 'String');
b = get(handles.edit2, 'String');
% a 和 b 是字符串变量，需要使用 str2double 函数将其转换为数值
%然后才能相加，否则字符串是没法相加的
C = get(handles.popupmenu1, 'value');
total = str2num(a) + str2num(b);    %格式转换，转换为数值
%由于 string 属性是字符串，所以必须将两个数的和转换为字符串
switch C
    case 1
        total = str2num(a) + str2num(b);    %格式转换，转换为数值
    case 2
        total = str2num(a)-str2num(b);
```

```
        case 3
            total = str2num(a) * str2num(b);
        case 4
            total = str2num(a)/str2num(b);
end
            c = num2str(total);        %转换为字符串
set(handles.edit3,'String',c);         %将结果赋值给 edit3 的 string 属性
guidata(hObject,handles);              %更新结构体
```
运行编写好的计算器，结果如图 6.3.5 所示。

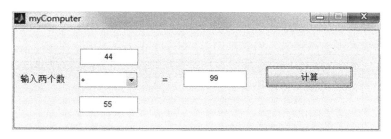

图 6.3.5　运行效果

6.4　对话框设计

在图形用户界面程序设计中，对话框是重要的信息显示和获取输入数据的用户界面对象。使用对话框，可以使应用程序的界面更加友好，使用更加方便。MATLAB 提供了两类对话框，一类为 Windows 的公共对话框，另一类为 MATLAB 风格的专用对话框。

6.4.1　公共对话框

公共对话框是利用 Windows 资源的对话框，包括文件打开、文件保存、颜色设置、字体设置、打印设置、打印预览、打印等。

1. 文件打开对话框

用函数 uigetfile 实现文件打开对话框，调用格式为：
[FileName, PathName, FilterIndex] = uigetfile(FilterSpec, DialogTitle, DefaultName)
　　FileName：返回的文件名；

PathName：返回的文件的路径名；
FilterIndex：选择的文件类型；
FilterSpec：文件类型设置；
DialogTitle：打开对话框的标题；
DefaultName：默认指向的文件名。
例如：

[filename, pathname] = uigetfile(… {'*.m; *.fig; *.mat; *.mdl', 'MATLAB Files (*.m, *.fig, *.mat, *.mdl)'; '*.m', 'M-files (*.m)'; '*.fig', 'Figures (*.fig)'; '*.mat', 'MAT-files (*.mat)'; '*.mdl', 'Models (*.mdl)'; '*.*', 'All Files (*.*)'} , 'Pick a file');

执行结果如图 6.4.1 所示。

图 6.4.1　文件打开对话框

2. 文件保存对话框

用函数 uiputfile 实现文件打开对话框，调用格式为：

[FileName, PathName, FilterIndex] = uiputfile(FilterSpec, DialogTitle, DefaultName)

uiputfile('InitFile')：弹出文件保存对话框，列出当前目录下的所有由'InitFile'指定类型的文件；

uiputfile('InitFile', 'DialogTitle')：同时设置文件保存对话框的标题为

DialogTitle;

uiputfile('InitFile', 'DialogTitle', x, y)：x, y 参数用于确定文件保存对话框的位置；

[fname, pname] = uiputfile(...)：返回保存文件的文件名和路径。

3. 打印设置对话框

用于打印页面的交互式设置，调用函数为 pagesetupdlg，调用格式为：

dlg = pagesetupdlg(fig)：fig 为图形窗口的句柄，省略时为当前图形窗口。

图 6.4.2 显示的是打印设置对话框。

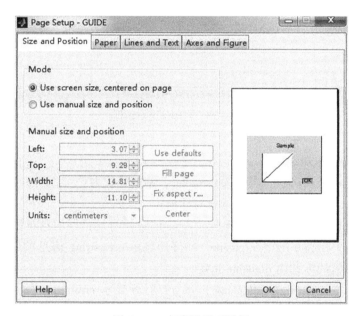

图 6.4.2 打印设置对话框

4. 打印预览对话框

用于对打印页面进行预览，函数为 printpreview，调用格式为：

printpreview：对当前图形窗口进行打印预览；

printpreview(f)：对以 f 为句柄的图形窗口进行打印预览。

图 6.4.3 显示的是打印预览对话框。

6.4.2 MATLAB 专用对话框

MATLAB 除了使用公共对话框外，还提供了一些专用对话框，包括帮助、错误信息、信息提示、警告信息等。

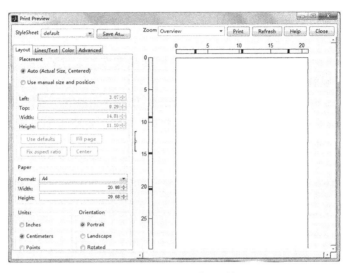

图 6.4.3　打印预览对话框

1. 错误信息对话框

用于提示错误信息，函数为 errordlg，调用格式为：

errordlg：打开默认的错误信息对话框；

errordlg('errorstring')：打开显示 errorstring 信息的错误信息对话框；

errordlg('errorstring','dlgname')：打开显示 errorstring 信息的错误信息对话框，对话框的标题由 dlgname 指定；

erordlg('errorstring','dlgname','on')：打开显示 errorstring 信息的错误信息对话框，对话框的标题由 dlgname 指定。如果对话框已存在，on 参数将对话框显示在最前端；

h=errodlg(…)：返回对话框句柄。

例如：errordlg('输入错误，请重新输入','错误信息')：结果如图 6.4.4 所示。

图 6.4.4　错误信息对话框

2. 输入对话框

用于输入信息，函数为 inputdlg，其调用格式为：

answer = inputdlg(prompt)：打开输入对话框，prompt 为单元数组，用于定义输入数据窗口的个数和显示提示信息，answer 为用于存储输入数据的单元数组；

answer = inputdlg(prompt, title)：与上面相同，title 确定对话框的标题；

answer = inputdlg(prompt, title, lineNo)：参数 lineNo 可以是标量、列矢量或 m×2 阶矩阵，若为标量，表示每个输入窗口的行数均为 lineNo；若为列矢量，每个输入窗口的行数由列矢量 lineNo 的每个元素确定；若为矩阵，则每个元素对应一个输入窗口，每行的第一列为输入窗口的行数，第二列为输入窗口的宽度；

answer = inputdlg(prompt, title, lineNo, defans)：参数 defans 为一个单元数组，存储每个输入数据的默认值，元素个数必须与 prompt 所定义的输入窗口数相同，所有元素必须是字符串；

answer = inputdlg(prompt, title, lineNo, defAns, Resize)：参数 resize 决定输入对话框的大小能否被调整，可选值为 on 或 off。

执行如下代码，结果如图 6.4.5 所示：

prompt = {'Input Name', 'Input Age'};
title = 'Input Name and Age';
lines = [2 1]';
def = {'WJM', '38'};
answer = inputdlg(prompt, title, lines, def);

图 6.4.5 输入对话框

3. 信息提示对话框

msgbox(message)：打开信息提示对话框，显示 message 信息；

msgbox(message, title)：title 确定对话框标题；

msgbox(message，title，'icon')：icon 用于显示图标，可选图标包括 none（无图标，缺省值）、error、help、warn 或 custom(用户定义)；

msgbox(message，title，'custom'，icondata，iconcmap)：当使用用户定义图标时，iconData 为定义图标的图像数据，iconCmap 为图像的色彩图；

msgbox(…，'creatmode')：选择模式 creatMode，选项为 modal，non-modal 和 replace；

h=msgbox(…)：返回对话框句柄。

4. 问题提示对话框

用于回答问题的多种选择，函数为 questdlg，调用格式为：

button=questdlg('qstring')：打开问题提示对话框，有三个按钮，分别为 Yes、No 和 Cancel，questdlg 确定提示信息；

button=questdlg('qstring'，'title')：title 确定对话框标题；

button=questdlg('qstring'，'title'，'default')：当按回车键时，返回 default 的值，default 必须是 Yes、No 或 Cancel 中的一个；

button=questdlg('qstring'，'title'，'str1'，'str2'，'default')：打开问题提示对话框，有两个按钮，分别由 str1 和 str2 确定，qstdlg 确定提示信息，title 确定对话框标题，default 必须是 str1 或 str2 中的一个；

button=questdlg('qstring'，'title'，'str1'，'str2'，'str3'，'default')：打开问题提示对话框，有三个按钮，分别由 str1、str2 和 str3 确定，qstdlg 确定提示信息，title 确定对话框标题，default 必须是 str1、str2 或 str3 中的一个。

第7章 测量基础计算及程序设计

本章主要介绍常用的测量基础计算的方法和相应的 MATLAB 程序编写，主要有坐标计算、交会定点、地形图分幅编号。

7.1 角度与弧度互换

在测量计算中，观测的角度是用度、分、秒的形式表示，实际计算时是用弧度的形式表示，在程序计算中经常需要将角度与弧度互换。

7.1.1 角度转换为弧度

角度的表示形式不一样，转换方法也不尽相同，本书的角度的表示方法为×.×××××。小数点前为度，小数点后两位表示分，剩下的为秒，如 30.45125 表示 30 度 45 分 12.5 秒。

角度转换为弧度的代码：

```
function [rad] = dms_rad(dms)
%%角度转换为弧度
%dms 为角度
%rad 为弧度
d=fix(dms);            %取整得到度
f1=(dms-d).*100;
f=fix(f1);             %取整得到分
m=(f1-f).*100;         %取整得到秒
f=f./60;
m=m./3600;
r=(d+f+m)./180;
rad=r.*pi;
```

7.1.2 弧度转换为角度

将弧度转换为上述的角度形式:

```
function [dms] = rad_mds(rad)
%弧度转换为角度
%返回量 dms 为角度
%输入量 rad 为弧度
a = mod(rad, 2*pi);      %求余
d = rad2deg(a);          %得到度
d1 = fix(d);
d2 = (d-d1).*60;         %得到分
f = fix(d2);
f1 = (d2-f).*60;         %得到秒
dms = d1+f./100+f1./10000;
```

7.2 坐标正反计算

坐标计算主要包括坐标正算和坐标反算,坐标正反算是测量计算的基本公式。

7.2.1 坐标正算及程序

1. 坐标正算

在平面坐标系下,已知一点的坐标及该点到另一点的水平距离和方位角,求另一点的坐标,称为坐标正算。

在图 7.1.1 的坐标系中,已知 A 的坐标 (x_A, y_A) 和两点水平距离 D_{AB} 及 A 到 B 的方位角 α_{AB},求 B 的坐标。坐标正算的公式为

$$x_B = x_A + \Delta x_{AB}$$
$$y_B = x_A + \Delta x_{AB}$$
(7.2.1)

其中,

$$\Delta x_{AB} = x_B - x_A = D_{AB}\cos\alpha_{AB}$$
$$\Delta y_{AB} = y_B - y_A = D_{AB}\sin\alpha_{AB}$$

2. 程序代码

存储已知数据的文件格式为:

7.2 坐标正反计算

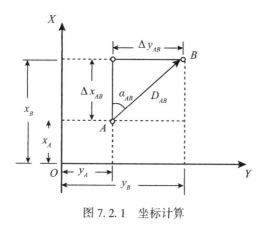

图 7.2.1 坐标计算

点名, X, Y, D, A
…
function [X, Y] = ZBZS(pathname)
%%坐标正算代码
if(narin<1)
    [filename, pathname] = uigetfile(…
{'*.txt; *.dat', 'data Files (*.txt, *.dat)';
  '*.txt', 'yzd (*.txt)'; …
'*.dat', 'survey data (*.dat)'; …
'*.*',   'All Files (*.*)'}, …
'Pick a file');
    if(isempty(pathname))
        return;
    end

    pathname = strcat(pathname, filename);
end
yzd = dlmread(pathname);   %读取已知点数据
yzd_n = yzd(:, 1);   %取出已知点编号
yzd_count = length(yzd_n);   %已知点个数
yzd_X = yzd(:, 2);   %取出已知点 X

```
yzd_Y = yzd(:, 3);              %取出已知点 Y
yzd_Dis = yzd(:, 4);            %取出已知点水平距离
yzd_fwj = yzd(:, 5);            %取出已知点水平距离
yzd_fwj = dms_rad(yzd_fwj);
X = yzd_X+yzd_Dis * cos(yzd_fwj);
Y = yzd_Y+yzd_Dis * sin(yzd_fwj);
```

例如 已知数据文件中的数据为

1, 3628.022, 6183.764, 371.61, 81.5725

2, 4354.543, 3215.654, 432.12, 120.34532

执行如下命令:

```
>> [X, Y] = ZBZS()
X = 3680.01663
    4134.69649
Y = 6551.71854
    3587.66906
```

7.2.2 坐标反算及程序

1. 坐标反算

已知两点 A 和 B 的坐标反求这两点之间的方位角和距离称为坐标反算。计算公式为

$$\left. \begin{array}{l} R_{AB} = \arctan\dfrac{\Delta y_{AB}}{\Delta x_{AB}} = \arctan\dfrac{y_B - y_A}{x_B - x_A} \\ D_{AB} = \sqrt{(x_B - x_A)^2 + (y_B - y_A)^2} \end{array} \right\} \qquad (7.2.2)$$

2. 程序代码

```
function [dis, azi] = xy_inv(x1, y1, x2, y2)
%%xy_inv 坐标反算函数
%x1, y1 起点坐标
%x2, y2 终点坐标
%dis 距离
%azi 方位角
dx = x2-x1;
dy = y2-y1;
tx = atan2(dy, dx);
```

```
dis = sqrt( dx.^2+dy.^2);
if (tx<0)
        azi = tx+2 * pi;
else
        azi = tx;
end
end
```

7.3 交会定点

7.3.1 前方交会及程序

1. 前方交会

前方交会是在已知点上设站,向待定点观测角度,图 7.3.1 是前方交会的示意图,其中 A 和 B 为已知点,P 为待定点。这里直接给出前方交会的坐标计算公式(7.3.1)。注意公式中的 A、B、P 按逆时针进行排列:

$$\left. \begin{array}{l} x_P = \dfrac{x_A \cot\beta + x_B \cot\alpha + (y_B - y_A)}{\cot\alpha + \cot\beta} \\[2mm] y_P = \dfrac{y_A \cot\beta + y_B \cot\alpha - (x_B - x_A)}{\cot\alpha + \cot\beta} \end{array} \right\} \quad (7.3.1)$$

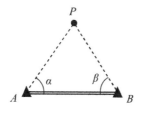

图 7.3.1　前方交会

2. 程序代码

```
function [X, Y] = QFJH(x1, y1, a, x2, y2, b)
%%前方交会
a = dms_rad(a);
b = dms_rad(b);
```

```
X = x1. * cot(b)+x2. * cot(a)+(y2-y1);
X = X./(cot(b)+cot(a));
Y = y1. * cot(b)+y2. * cot(a)-(x2-x1);
Y = Y./(cot(b)+cot(a));
```

7.3.2 后方交会及程序

1. 后方交会

用全站仪测点时，常用自由设站法现场计算测站点坐标，该方法在外业测绘中有一定的优势。图 7.3.2 是后方交会的示意图，解算后方交会的公式有多个，本节只介绍便于计算机编程的直接计算公式：

$$\left.\begin{array}{l} x_P = x_C + \Delta x_{CP} = x_C + \dfrac{a-bk}{1+k^2} \\ y_P = y_C + k\Delta y_{CP} = y_C + k\Delta x_{CP} \end{array}\right\} \quad (7.3.2)$$

式中，

$$\left.\begin{array}{l} a = (y_A - y_C)\cot\alpha + (x_A - x_C) \\ b = (x_A - x_C)\cot\alpha - (y_A - y_C) \\ c = (x_B - x_C)\cot\beta - (y_B - y_C) \\ d = (y_B - y_C)\cot\beta - (x_B - x_C) \end{array}\right\}, \quad k = \tan a_{CD} = \dfrac{a+d}{b+c}$$

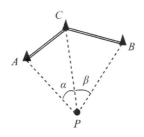

图 7.3.2 后方交会

2. 程序代码

function [X, Y] = HFJH(xA, yA, xC, yC, xB, yB, A, B)
%%后方交会
%A 和 B 为交会角
A = dms_rad(A);

B = dms_rad(B);
a = (yA-yC).*cot(A)+(xA-xC);
b = (xA-xC).*cot(A)-(yA-yC);
c = (xB-xC).*cot(B)-(yB-yC);
d = (yB-yC).*cot(B)-(xB-xC);
k = (a+d)./(b+c);
dx = (a-b.*k)./(1+k.^2);
m = a-b.*k;
n = c.*k-d;
X = xC+dx;
Y = yC+k.*dx;

7.4 图幅编号计算

为了管理、查取和使用地形图的方便,需要给每幅各种比例尺的地形图一个科学的编号,使用时,按编号查找地形图。本章主要介绍根据地形图上的经纬坐标计算出所在比例尺的图幅的编号。

7.4.1 地形图编号

1. 1∶100 万图幅编号

地形图分幅主要有梯形分幅和矩形分幅两种,其中,梯形分幅适用于国家基本比例尺的地形图。梯形分幅是以 1∶100 万地形图分幅将地表按经差 6°和纬差 4°划分的。各种比例尺地形图的经纬差、行列数据和图幅数成一定的倍数关系,见表 7.4.1。

表 7.4.1　　　　　基本比例尺地形图分幅编号关系

比例尺	1∶100 万	1∶50 万	1∶25 万	1∶10 万	1∶5 万	1∶2.5 万	1∶1 万	1∶5 千
比例尺代码		B	C	D	E	F	G	H
经差	6°	3°	1°30′	30′	15′	7′30″	3′45″	1′52.5″
纬差	4°	2°	1°	20′	10′	5′	2′30″	1′15″
行数	1	2	4	12	24	48	96	192

续表

比例尺	1∶100万	1∶50万	1∶25万	1∶10万	1∶5万	1∶2.5万	1∶1万	1∶5千
列数	1	2	4	12	24	48	96	192
图幅数量关系	1	4	16	144	576	2304	9216	36864
		1	4	36	144	576	2304	9216
			1	9	36	144	576	2304
				1	4	16	64	256
					1	4	16	64
						1	4	16
							1	4

1∶100万地形图的编号是采用国际上的统一的标准，由赤道起，向两极每隔4°为一行，到南北纬88°，各22行。用A，B，…，V22个字母表示。列号从180°起自西向东每隔6°为一列，用1，2，3，…，60表示。每幅图的编号由该图所在的行号和列号组成。其中列号与带号之间的关系为

列号=带号±30(东半球加30，西半球减30)

已知图幅内某点的经纬度或图幅西南角图廓点的经纬度，可根据下式计算1∶100万图幅编号：

$$\left. \begin{array}{l} a = \text{INT}\dfrac{B}{4°} + 1 \\ b = \text{INT}\dfrac{L}{6°} + 31 \end{array} \right\} \tag{7.4.1}$$

式中，INT表示取整，B为纬度，L为经度，a为行号对应的字符码，b为列号对应的数字码。

2. 1∶50万~1∶5000地形图编号

我国1∶50万到1∶5000地形图的编号是以1∶100万地形图分幅编号为基础，采用行列编号统一用10位的编码，编号的表示方法如图7.1.1所示。

计算图幅列号数字码c和图幅行号数字码d的公式为

$$\left. \begin{array}{l} c = \dfrac{4°}{dB} - \text{INT}\left(\langle \dfrac{B}{4°} \rangle / dB\right) \\ b = \text{INT}\left(\langle \dfrac{L}{6°} \rangle / dL\right) + 1 \end{array} \right\} \tag{7.4.2}$$

式中，$\langle \dfrac{\cdot}{\cdot} \rangle$表示求余；$dB$，$dL$表示纬差和经差。

7.4 图幅编号计算

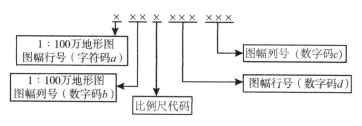

图 7.4.1 编号方法

3. 地形图西南角图廓点经纬度

已知图号,按下式计算地形图西南角图廓点经纬度:

$$\left.\begin{array}{l} L = (b-31) \times 6° + (d-1) \times \mathrm{d}L \\ B = (a-1) \times 4° + \left(\dfrac{4°}{\mathrm{d}B} - c\right) \times \mathrm{d}B \end{array}\right\} \quad (7.4.3)$$

式中,L,B 为西南角图廓点经纬度;$\mathrm{d}B$,$\mathrm{d}L$ 表示纬差和经差;a,b,c,d 是图幅编号。

7.4.2 图幅编号计算程序

根据上述公式编写如下程序代码,代码有注释说明:

1. 根据经纬度和比例尺自动生成图幅编号

```
function [bh]=GetBH(B,L,M)
%%计算地形图图幅编号
%B 纬度,L 经度
%M 比例尺分母
%bh 地形图编号
B=dms_rad(B);
L=dms_rad(L);
switch M        %根据比例尺分母确定代号
    case 1000000
        s3='';
        dL=6;   %经差
        dB=4;   %纬差
    case 500000
        s3='B';
```

```
                dL = 3;
                dB = 2;
    case 250000
                s3 = 'C';
                dL = 1.30;
                dB = 1.00;
    case 100000
                s3 = 'D';
                dL = 0.30;
                dB = 0.20;
    case 50000
                s3 = 'E';
                dL = 0.15;
                dB = 0.10;
    case 25000
                s3 = 'F';
                dL = 0.0730;
                dB = 0.0500;
    case 10000
                s3 = 'G'
                dL = 0.0345;
                dB = 0.0230;
    case 5000;
                s3 = 'H';
                dL = 0.01525;
                dB = 0.0115;
    otherwise
                s3 = '比例尺错误';
    end
    dB = dms_rad(dB);
    dL = dms_rad(dL);
    d4 = dms_rad(4.0);
    d6 = dms_rad(6.0);
```

7.4 图幅编号计算

```
a = fix(B/d4)+1;
b = fix(L/d6)+31;
dx = mod(B, d4);
c = d4/dB-fix(dx/dB);
dy = mod(L, d6);
d = fix(dy/dL)+1;
s4 = num2str(c);
s5 = num2str(d);
if c<10
    s4 = strcat('00', s4);
elseif 10<=c && c<100
    s4 = strcat('0', s4);
else
    s4 = num2str(c);
end
if d<10
    s5 = strcat('00', s5);
elseif 10<=d && d<100
    s5 = strcat('0', s5);
else
    s5 = num2str(d);
end
s1 = GetaByM(a);        %得到1∶100万的字符码

s2 = num2str(b);
if M = = 1000000
    bh = strcat(s1, s2);        %输出1∶100万的编号
else
    bh = strcat(s1, s2, s3, s4, s5);        %输出其他比例尺的编号
end
```

例如：某地 Q 点的经度 113.3925，纬度为 34.4538，试求该点所在 1∶50 万、1∶25 万和 1∶1 万所在图幅的编号。

执行如下命令：

```
>>[BH]=GetBH(34.4538,113.3925,250000)
BH=
I49C002004
>>[BH]=GetBH(34.4538,113.3925,10000)
BH=
I49G030091
```

2. 根据图幅编号计算图廓西南角坐标

```
function [B,L]=GetBLByabcd(th)
%%能通过图号取得西南角坐标
[a]=GetaByth(th);      %根据图号取得代号a对应的数字码
b=th(2:3);
[dB,dL]=GetdBdLByBh(th);   %根据图号比例尺取得经差和纬差
dB=dms_rad(dB);
dL=dms_rad(dL);
d6=dms_rad(6.0);
d4=dms_rad(4.0);
c=th(5:7);
d=th(8:10);
b=str2double(b);
c=str2double(c);       %将字符转换为数字
d=str2double(d);
L=(b-31)*d6+(d-1)*dL;
B=(a-1)*d4+((d4/dB)-c)*dB;
format short;
L=rad_mds(L);          %将弧度转换为角度
B=rad_mds(B);
```

例如：某地形图的图号为I49D005012，用GetBLByabcd函数计算西南角图廓点的经纬度。

```
>>[B,L]=GetBLByabcd('I49D005012')
B = 34.2000
L = 113.3000
```

7.5 普通导线简易平差及程序设计

导线测量在工程建设和地形测图的控制测量中得到广泛应用。过去，由于受到距离测量的限制，平面控制测量主要采用三角测量的方法。随着全站仪的出现和普及，测距精度和效率大大提高，另外，导线的布设灵活、平差计算简单，使导线测量的使用越来越显示出其优越性。特别是在井下测量，更是离不开导线。因此，导线测量是目前平面控制测量中主要的方法之一。

导线的布设形式主要有附合导线、闭合导线、支导线和导线网。本章主要介绍附合导线的平差方法和程序设计，其他形式的导线较附合导线要简单一些，而且方法也基本类似。

7.5.1 附合导线的简易平差

如图 7.5.1 所示是一条附合导线，AB 和 CD 为已知边，1、2、3、4 为待定点，转折角和边长是观测值。AB 和 CD 的方位角及 B 和 C 的坐标已知。以下是附合导线的简易平差步骤：

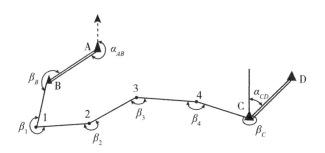

图 7.5.1 附合导线的形式

1. 坐标方位角的计算

(1) 坐标闭合差。因为 AB 边的方位角已知，各个转折角实测过，根据方位角的传递，可求得各条导线边的方位角，包括已知边 CD 推算的方位角，CD 边推算的方位角计算公式为

$$f_\beta = \sum \beta_{\text{右}}^{\text{左}} \pm (\alpha_{AB} - \alpha_{CD}) - n \cdot 180° \qquad (7.5.1)$$

式中，n 为转角个数，上下标表示测导线的左角或右角，其中左角取正，右角取负。闭合差 $f_\beta \leq f_{\beta允}$，允许限差见表 7.5.1 和表 7.5.2。

表 7.5.1　　　　　　　　　　光电测距导线技术要求

等级	附合导线长度(m)	平均边长(m)	测边中误差(mm)	测角中误差(″)	方位角闭合差	导线全长相对闭合差
三等	15	3000	±18	±1.5	$±3\sqrt{n}$	1/60000
四等	10	1600	±18	±2.5	$±5\sqrt{n}$	1/40000
一级	3.6	300	±15	±5.0	$±10\sqrt{n}$	1/14000
二级	2.4	200	±15	±8.0	$±16\sqrt{n}$	1/10000
三级	1.5	120	±15	±12	$±24\sqrt{n}$	1/6000

表 7.5.2　　　　　　　　　　图根导线技术要求

测图比例尺	附合导线长度	平均边长	测回数 J6	方位角闭合差	导线全长相对闭合差
1:500	500	75	1	$±40\sqrt{n}$	1/2000
1:1000	1000	100			
1:2000	2000	180			

（2）闭合差分配。由于角度测量存在误差导致闭合差的产生，导线测量中角度的观测误差认为相等，因此，可将闭合差平均反向分配到各个观测角度中。

$$V_{\beta_i} = -\frac{f_\beta}{n} \tag{7.5.2}$$

（3）各边方位角的推算。用改正后的角度值和起始边的方位格逐边推算导线边的方位角。当推算到终边 CD 时，计算值应与已知值相等，以作检核。

$$\alpha_{前} = \alpha_{后} + 180° ± \beta_{左右} \tag{7.5.3}$$

2. 坐标增量及其闭合差

（1）坐标增量计算。根据已推算出的各边的方位角和边长观测值由下式计算出各边的坐标增量值：

$$\begin{aligned}\Delta x_{ij} &= D_{ij}\cos\alpha_{ij} \\ \Delta y_{ij} &= D_{ij}\sin\alpha_{ij}\end{aligned} \tag{7.5.4}$$

(2)坐标闭合差计算。导线测边也会存在误差,由式(7.5.4)计算的坐标增量总和一般等于已知的坐标增量,其差值称为坐标闭合差。具体计算公式为

$$f_x = \sum \Delta x - (x_C - x_B)$$
$$f_y = \sum \Delta y - (y_C - y_B) \quad (7.5.5)$$

由于 f_x、f_y 的存在,使导线不能和 CD 连接,存在导线全长闭合差 f_D,即

$$f_D = \sqrt{f_x^2 + f_y^2} \quad (7.5.6)$$

设导线全为 $\sum D$,则导线全长相对闭合差为

$$K = \frac{f_D}{\sum D} = \frac{1}{\dfrac{\sum D}{f_D}} \quad (7.5.7)$$

计算的全长相对闭合差不超过允许值,可进行坐标闭合差的分配。

3. 导线节点坐标的计算

(1)坐标闭合差的分配。将坐标闭合差按边长成比例反号分配到各坐标增量中进行改正,其中坐标增量改正数计算公式为

$$v_{ij} = -\frac{f_x}{\sum D} \times D_{ij}$$
$$v_{ij} = -\frac{f_y}{\sum D} \times D_{ij} \quad (7.5.8)$$

改正后的坐标增量为

$$\Delta \hat{x}_{ij} = \Delta x_{ij} + v_{ij}$$
$$\Delta \hat{y}_{ij} = \Delta y_{ij} + v_{ij} \quad (7.5.9)$$

(2)导线点坐标的计算。用改正后的坐标增量,从已知点逐点推算各导线点的坐标,计算公式为

$$x_i = x_{i-1} + \Delta \hat{x}_{ij}$$
$$y_i = y_{i-1} + \Delta \hat{y}_{ij} \quad (7.5.10)$$

依次计算各导线点坐标,最后推算出的终点 C 的坐标,应和点 C 已知坐标相同作为检核。

7.5.2 附合导线程序设计

1. 程序运行流程设计

根据附合导线的简易平差步骤和计算公式,程序运行的流程如图 7.5.2 所示。

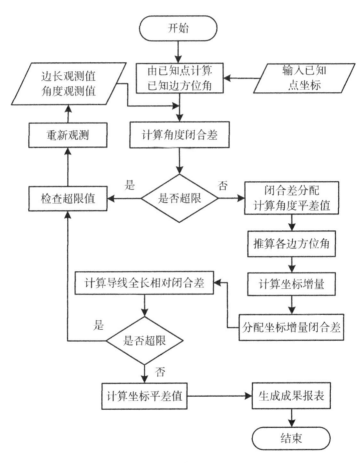

图 7.5.2 程序运行流程图

2. 数据文件组织

导线的已知点坐标、已知方位角、观测角度、观测边长由 Excel 表格进行存储管理,数据格式如图 7.5.3 所示,图中,A1、B1 单元格是起点 B 的 X 和 Y 坐标,C1 是后视方位角(起始边的方位角);A2、B2 单元格是终点 C 的 X

和 Y 坐标，C2 是前视方位角（附合边的方位角）；A3、B3 单元格是观测角度数和边长数量。从第四行开始，A 列输入观测角度上的点名，B 列输入对应的角度观测值，C 列输入边长观测值。

	A	B	C
1	640.931	1068.444	224.0300
2	589.974	1307.872	24.0900
3	5	4	
4	B	114.1700	82.181
5	J1	146.5930	77.274
6	J2	135.1130	89.645
7	J3	145.3830	79.813
8	C	158.0000	

图 7.5.3 附合导线数据组织

3. GUI 界面设计

界面设计采用 GUI 方式，主要由四部分组成：已知数据、观测数据、解算结果、导线略图，结果如图 7.5.4 所示。所用控件及属性的函数说明见表 7.5.3。

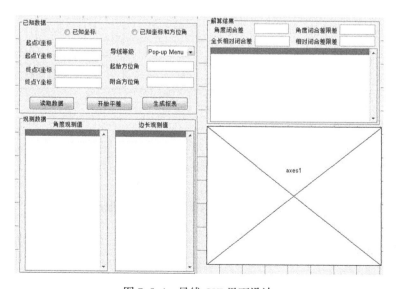

图 7.5.4 导线 GUI 界面设计

表 7.5.3　　　　　　　　　　控 件 说 明

style	tag	function	说明
radiobutton	radiobutton1	无	已知四个点的坐标
radiobutton	Radiobutton2	无	已知2点，2条边的方位
edit	edtXB	无	输入起点坐标
edit	edtYB	无	输入起点坐标
edit	edtXC	无	输入终点坐标
edit	edtYC	无	输入终点坐标
popupmenu	popupmenu1	无	输入导线等级
pushbutton	psbReadData	psbreaddata_Callback	读取 Execel 文件
pushbutton	psbcomputer	psbcomputer_Callback	解算导线
pushbutton	psbSavedata	psbSavedata_Callback	输出报表
listbox	lsbAngle	无	显示观测角度
listbox	lsbDis	无	显示观测距离
listbox	lstxy	无	显示待定点坐标成果
edit	edtfb	无	显示角度闭合差
edit	edtxc	无	显示角度闭合差限差
edit	edtfk	无	显示全长相对闭合差
edit	edtfkxc	无	显示全长相对闭合差限差
axes	axes1	无	显示导线略图

4. 代码编写

％％打数据文件函数

function psbReadData_Callback(hObject, eventdata, handles)
[filename, pathname] = uigetfile(…
　　{'*.txt;*.xlsx', 'data Files (*.txt, *.xlsx)'}, …
'Pick a file');
　　if(isempty(pathname))
　　　　return;
　　end
　　filepath = strcat(pathname, filename);

7.5 普通导线简易平差及程序设计

```
        mode = get(handles.radiobutton2, 'value');
    [XB, YB, azi1, XC, YC, azi2, Ang, Dis, Raw] = FhDxReadData
(filepath, mode);
        handles.XB = XB;
        handles.YB = YB;
        handles.XC = XC;
        handles.YC = YC;
        handles.azi1 = azi1;
        handles.azi2 = azi2;
        handles.Ang = Ang;
        handles.Dis = Dis;
        handles.Raw = Raw;
        pts = strcat(Raw, '~', num2str(Ang));
        set(handles.lsbAngle, 'string', pts);
        n = length(Dis);
        for i = 1: n
            dts(i) = strcat(Raw(i), Raw(i+1));
        end
        dits = strcat(dts', '~', num2str(Dis));
        set(handles.lsbDis, 'string', dits);
        fwj1 = rad_mds(azi1);
        fwj2 = rad_mds(azi2);
        set(handles.edtazi1, 'string', num2str(fwj1));

        set(handles.edtXB, 'string', num2str(XB));
        set(handles.edtYB, 'string', num2str(YB));
        set(handles.edtXC, 'string', num2str(XC));
        set(handles.edtYC, 'string', num2str(YC));
        set(handles.edtazi2, 'string', num2str(fwj2));
        guidata(hObject, handles)
        %%平差函数
        function psbcomputer_Callback(hObject, eventdata, handles)
        XB = handles.XB;
        YB = handles.YB;
```

```
XC = handles. XC;
YC = handles. YC;
azi1 = handles. azi1;
azi2 = handles. azi2;
Ang = handles. Ang;
Dis = handles. Dis;
Raw = handles. Raw;
n = length(Ang);
[x, y, k, fbx, fx, fy, fwj] = TranverseFH(XB, YB, azi1, XC, YC,
azi2, Ang, Dis);
set(handles. edtfb, 'string', num2str(fbx));
set(handles. edtfk, 'string', strcat('1/', num2str(k)));
index1 = get(handles. popupmenu1, 'value');
switch index1
    case 1
        set(handles. edtxdxc, 'string', '1/60000');
        xc = 3 * sqrt(n);
        sxc = num2str(xc);
        set(handles. edtxc, 'string', sxc);
    case 2
        set(handles. edtxdxc, 'string', '1/40000');
        xc = 5 * sqrt(n);
        sxc = num2str(xc);
        set(handles. edtxc, 'string', sxc);
    case 3
        set(handles. edtxdxc, 'string', '1/14000');
        xc = 10 * sqrt(n);
        sxc = num2str(xc);
        set(handles. edtxc, 'string', sxc);
    case 4
        set(handles. edtxdxc, 'string', '1/10000');
        xc = 16 * sqrt(n);
        sxc = num2str(xc);
        set(handles. edtxc, 'string', sxc);
```

```
            case 5
                set(handles.edtxdxc, 'string', '1/6000');
                xc = 24 * sqrt(n);
                sxc = num2str(xc);
                set(handles.edtxc, 'string', sxc);
            case 6
                set(handles.edtxdxc, 'string', '1/2000');
                xc = 40 * sqrt(n);
                sxc = num2str(xc);
                set(handles.edtxc, 'string', sxc);
end
subplot(handles.axes1);
yy = [YB y];
xx = [XB x];
xy = strcat(Raw, ':', num2str(xx), '~', num2str(yy));
set(handles.lstxy, 'string', xy);
plot(yy, xx, '-mo');
text(yy, xx, Raw);
handles.yy = yy;
handles.xx = xx;
handles.fx = fx;
handles.fy = fy;
handles.fwj = fwj;
guidata(hObject, handles);
function psbSavedata_Callback(hObject, eventdata, handles)
Jiao = handles.Ang;
n = length(Jiao);
excel = actxserver('Excel.Application');
set(excel, 'Visible', 1);
wkbs = excel.Workbooks;
Wbk = invoke(wkbs, 'Add');
Actsh = excel.Activesheet;
A = ['导线平差成果报表'];
actshrng = get(Actsh, 'Range', 'A1', 'F1');
```

```
set(actshrng, 'MergeCells', 4);
set(actshrng, 'HorizontalAlignment', 3);
set(actshrng, 'Value', A);
actshrng = get(Actsh, 'Range', 'A2', 'A2');
set(actshrng, 'Value', '点名');
ptname = handles.Raw;
for i = 1: n+2
    if i = = 1

        actshrng = get(Actsh, 'Range', 'A3', 'A3');
        set(actshrng, 'Value', '后视定向点');
    elseif i<n+2
        R1 = strcat('A', num2str(i+2));
        actshrng = get(Actsh, 'Range', R1, R1);
        set(actshrng, 'Value', ptname(i-1));
    else
        R1 = strcat('A', num2str(i+2));
        actshrng = get(Actsh, 'Range', R1, R1);
        set(actshrng, 'Value', '前视定向点');
    end
end
R = strcat('F', num2str(n+5));
actshrng = get(Actsh, 'Range', 'A2', R);
set(actshrng, 'HorizontalAlignment', 2);      %全部设置对齐方式
actshrng = get(Actsh, 'Range', 'B2', 'B2');
set(actshrng, 'Value', '角度');
for i = 1: n
    R1 = strcat('B', num2str(i+3));
    actshrng = get(Actsh, 'Range', R1, R1);
    set(actshrng, 'Value', num2str(Jiao(i)));
end
actshrng = get(Actsh, 'Range', 'C2', 'C2');
set(actshrng, 'Value', '距离');
dts = handles.Dis;
```

```
m=length(dts);
for i=1: m
    R1=strcat('C', num2str(i+4));
    actshrng=get(Actsh, 'Range', R1, R1);
    set(actshrng, 'Value', num2str(dts(i)));
end
actshrng=get(Actsh, 'Range', 'D2', 'D2');
set(actshrng, 'Value', '方位角');
fwj=handles.fwj;
fwj=rad_mds(fwj);
m=length(fwj);
azi1=rad_mds(handles.azi1);
azi2=rad_mds(handles.azi2);
for i=1: m+1
    if i==1
        actshrng=get(Actsh, 'Range', 'D4', 'D4');
        set(actshrng, 'Value', num2str(azi1));
    elseif i<m+1

        R1=strcat('D', num2str(i+3));
        actshrng=get(Actsh, 'Range', R1, R1);
        set(actshrng, 'Value', num2str(fwj(i)));
    else
        R1=strcat('D', num2str(i+3));
        actshrng=get(Actsh, 'Range', R1, R1);
        jh=strcat(num2str(azi2), '检核');
        set(actshrng, 'Value', jh);
    end
end
actshrng=get(Actsh, 'Range', 'E2', 'E2');
set(actshrng, 'Value', '坐标 X');
actshrng=get(Actsh, 'Range', 'F2', 'F2');
set(actshrng, 'Value', '坐标 Y');
x=handles.xx;
```

```
y = handles.yy;
m = length(x);
for i = 1: m
        R1 = strcat('E', num2str(i+3));
        actshrng = get(Actsh, 'Range', R1, R1);
        set(actshrng, 'Value', num2str(x(i)));
        R1 = strcat('F', num2str(i+3));
        actshrng = get(Actsh, 'Range', R1, R1);
        set(actshrng, 'Value', num2str(y(i)));
end
Actsh.Range('A1: F1').ColumnWidth = [16, 16, 16, 16, 16, 16];
%设置单元格宽度
R = strcat('A2: ', 'F', num2str(m+7));
Actsh.Range(R).Borders.Item(3).Linestyle = 1;    %设置单元格竖的线形
Actsh.Range(R).Borders.Item(2).Linestyle = 1;
R1 = strcat('A', num2str(m+5), ': ', 'F', num2str(m+5));
Actsh.Range(R1).MergeCells = 1;    %合并R1区域的单元格
Actsh.Range(R1).Value = '精度指标';
Actsh.Range(R1).HorizontalAlignment = 3;    %设置居中对齐
R1 = strcat('A', num2str(m+6));
xc = get(handles.edtfb, 'string');
xcb = get(handles.edtfk, 'string');
actshrng = get(Actsh, 'Range', R1, R1);
set(actshrng, 'Value', '角度闭合差(秒): ');
R1 = strcat('B', num2str(m+6));
actshrng = get(Actsh, 'Range', R1, R1);
set(actshrng, 'Value', xc);
R1 = strcat('A', num2str(m+7));
actshrng = get(Actsh, 'Range', R1, R1);
set(actshrng, 'Value', '限差(秒): ');
xcc = get(handles.edtxc, 'string');
R1 = strcat('B', num2str(m+7));
actshrng = get(Actsh, 'Range', R1, R1);
```

```
set(actshrng,'Value',xcc);
R1=strcat('C',num2str(m+6));
  actshrng=get(Actsh,'Range',R1,R1);
  set(actshrng,'Value','全长相对闭合差：');
  R1=strcat('D',num2str(m+6));
  actshrng=get(Actsh,'Range',R1,R1);
  set(actshrng,'Value',xcb);
  R1=strcat('E',num2str(m+6));
  actshrng=get(Actsh,'Range',R1,R1);
  set(actshrng,'Value','坐标增量fx(mm)');
  R1=strcat('F',num2str(m+6));
  actshrng=get(Actsh,'Range',R1,R1);
  set(actshrng,'Value',num2str(handles.fx*1000));
  R1=strcat('E',num2str(m+7));
  actshrng=get(Actsh,'Range',R1,R1);
  set(actshrng,'Value','坐标增量fy(mm)');
  R1=strcat('F',num2str(m+7));
  actshrng=get(Actsh,'Range',R1,R1);
  set(actshrng,'Value',num2str(handles.fy*1000));
  R1=strcat('C',num2str(m+7));
  actshrng=get(Actsh,'Range',R1,R1);
  set(actshrng,'Value','限差(秒)：');
  xxcc=get(handles.edtxdxc,'string');
  R1=strcat('D',num2str(m+7));
  actshrng=get(Actsh,'Range',R1,R1);
  set(actshrng,'Value',xxcc);
  R=strcat('A',num2str(m+8),':','F',num2str(m+8));
  Actsh.Range(R).Borders.Item(3).Linestyle=1;    %设置单元格竖的
                                                  线形
```

以下代码是附合导线解算的核心代码，主要语句和变量均有注释：

```
function [XB,YB,azi1,XC,YC,azi2,Ang,Dis,Raw]=
FhDxReadData(filepath,mode,sheet)
  %%读附合导线已知数据和观测数据
  %XB,YB,XC,YC返回已知点坐标
```

%azi1,azi2 返回起始边方位角和终边方位角

%Ang,Dis 返回观测角度和边长

%fiepath 输入文件路径

%mode=1 已知四个点的坐标,mode=其他表示已知两点坐标和起始边方位角和终边方位角

```
if nargin<3
    sheet='sheet1';      %没有输入 sheet 附默认值
end
if mode==1
    xy=xlsread(filepath,sheet,'A1:D2');   %读已知坐标
    n=xlsread(filepath,sheet,'A3:A3');    %读角度观测数
    XA=xy(1,3);    %起点后视 X 坐标
    YA=xy(1,4);    %起点后视 Y 坐标
    XB=xy(1,1);    %起点 X 坐标
    YB=xy(1,2);    %起点 Y 坐标
    XC=xy(2,1);    %终点 X 坐标
    YC=xy(2,2);    %终点 Y 坐标
    XD=xy(2,3);    %起点后视 X 坐标
    YD=xy(2,4);    %起点后视 Y 坐标
    [dis,azi1]=xy_inv(XA,YA,XB,YB);   %坐标反算得到方位角
    [dis,azi2]=xy_inv(XC,YC,XD,YD);
else
    n=xlsread(filepath,sheet,'A3:A3');    %读角度观测数
    xy=xlsread(filepath,sheet,'A1:B2');   %读已知坐标
    azi=xlsread(filepath,sheet,'C1:C2');  %读已知方位角
    XB=xy(1,1);    %起点 X 坐标
    YB=xy(1,2);    %起点 Y 坐标
    XC=xy(2,1);    %终点 X 坐标
    YC=xy(2,2);    %终点 Y 坐标
    azi1=dms_rad(azi(1,1));
    azi2=dms_rad(azi(2,1));
end
```

```
        sa = strcat('B4:', 'B', num2str(n+3));
        sb = strcat('C4:', 'C', num2str(n+2));
        sc = strcat('A4:', 'A', num2str(n+3));
    Ang = xlsread(filepath, sheet, sa);    %读角度
    Dis = xlsread(filepath, sheet, sb);    %读边长
    [data PtName Raw] = xlsread(filepath, sheet, sc);    %读点名
end
function [x, y, k, fbx, fx, fy, fwj] = TranverseFH(XB, YB, azi1, XC, YC, azi2, Ang, Dis)
%%解算附合导线
%x, y 返回待定点坐标, fwj 平差后各边的方位角
%k, fx, fy 返回全长相对闭合差和坐标增量闭合差
%fbx 返回角度闭合差
%XB, YB, XC, YC 已知点坐标
%azi1 和 azi2 已知起始边和终边方位角
%Ang, Dis 是观测角度(弧度)和边长(m)
n = length(Ang);
[radangle] = dms_rad(Ang);    %换算成弧度
zb = sum(radangle);
fb = zb-n*pi-azi2+azi1;
fb = rem(fb, 2*pi);    %角度闭合差
fbx = fb*206264.80;    %将闭合差换成秒
radangle = radangle-fb./n;
for i = 1: n
    if i == 1
        fwj(i) = azi1+pi+radangle(i);
    else
        fwj(i) = fwj(i-1)+pi+radangle(i);
    end
end
fwj = rem(fwj, 2*pi);
dx = cos(fwj(1: n-1)).*Dis';    %坐标增量计算
dy = sin(fwj(1: n-1)).*Dis';
```

```
fx = sum(dx)+XB-XC;      %坐标增量闭合差
fy = sum(dy)+YB-YC;      %坐标增量闭合差
fs = sqrt(fx^2+fy^2);
Zd = sum(Dis);
k = fix(Zd/fs);          %导线全长相对闭合差分母
dx = dx-(fx/Zd).*Dis';   %闭合差分配
dy = dy-(fy/Zd).*Dis';   %闭合差分配
for i = 1: n-1
    if i = = 1
        x(i) = XB+dx(i);
        y(i) = YB+dy(i);
    else
        x(i) = x(i-1)+dx(i);
        y(i) = y(i-1)+dy(i);
    end
end
```

5. 示例应用

首先读取图 7.5.3 中的数据，执行"开始平差"，结果如图 7.5.5 所示，

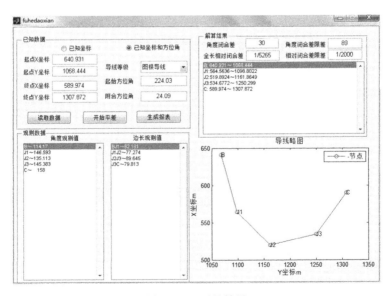

图 7.5.5　平差结果

然后再执行"生成报表",生成如图 7.5.6 所示的 Excel 表格。

	A	B	C	D	E	F
1				导线平差成果报表		
2	点名	角度	距离	方位角	坐标X	坐标Y
3	后视定向点					
4	B	114.1700		224.0300	640.931	1068.444
5	J1	146.5930	82.181	125.1918	564.5636	1098.8022
6	J2	135.1130	77.274	80.3042	519.8924	1161.8649
7	J3	145.3830	89.645	46.0906	534.6772	1250.299
8	C	158.0000	79.813	24.0900	589.974	1307.872
9	前视定向点			24.09检核		
10				精度指标		
11	角度闭合差(秒):30		全长相对闭合差:	1/5265	坐标增量fx(mm)	-25.7547
12	限差(秒):	89	限差(秒):	1/2000	坐标增量fy(mm)	-56.9108

图 7.5.6　成果报表

第8章 高程控制网平差及程序设计

平差程序设计不仅仅是"写程序",测量程序设计还包括程序功能设计、平差模型选择、算法选择、数据接口设计等内容。

一般应按数据处理和计算功能的划分,将网平差程序分为若干独立函数(或过程),每个函数(或过程)完成特定的计算或操作,当需进行某种平差时,再调用这些函数即可。

对于测量控制网而言,平差方法主要有条件平差和间接平差,由于间接平差误差方程列立的规律性强,便于编写计算机程序,于是得到了广泛的应用。

8.1 间接平差基本原理

间接平差法(参数平差法)是通过选定 t 个与观测值有一定关系的独立未知量作为参数,将每个观测值都分别表达成这 t 个参数的函数,建立函数模型,按最小二乘原理,用求自由极值的方法解出参数的最或然值,从而求得各观测值的平差值。

8.1.1 参数求解

设平差问题中有 n 个观测值 L,已知其协因数阵 $Q = P^{-1}$,必要观测数为 t,选定 t 个独立参数 $\hat{X}$,其近似值为 X^0,有 $\hat{X} = X^0 + \hat{x}$,观测值 L 与改正数 V 之和 $\hat{L} = L + V$,称为观测量的平差值。按具体平差问题,可列出 n 个平差值方程为

$$\hat{L} = B\hat{X} + d \tag{8.1.1}$$

其纯量形式可表示为

$$L_i + V_i = a_i \hat{X}_1 + b_i \hat{X}_2 + \cdots + t_i \hat{X}_t + d_i \quad (i = 1, 2, 3, \cdots, n) \tag{8.1.2}$$

令

$$L_{n\times 1} = \begin{bmatrix} L_1 & L_2 & \cdots & L_n \end{bmatrix}^T, \quad V_{n\times 1} = \begin{bmatrix} V_1 & V_2 & \cdots & V_n \end{bmatrix}^T$$

$$\hat{X}_{t\times 1} = \begin{bmatrix} \hat{X}_1 & \hat{X}_2 & \cdots & \hat{X}_t \end{bmatrix}^T, \quad d_{n\times 1} = \begin{bmatrix} d_1 & d_2 & \cdots & d_n \end{bmatrix}^T$$

$$B_{n\times t} = \begin{bmatrix} a_1 & b_1 & \cdots & t_1 \\ a_2 & b_2 & \cdots & t_2 \\ \vdots & \vdots & & \vdots \\ a_n & b_n & \cdots & t_n \end{bmatrix}$$

则平差值方程的矩阵形式为

$$L + V = B\hat{X} + d \tag{8.1.3}$$

顾及 $\hat{X} = X^0 + \hat{x}$，并令

$$l = L - (BX^0 + d) \tag{8.1.4}$$

式中，X^0 为参数 $\hat{X}$ 的充分近似值，于是可得误差方程式为

$$V = B\hat{x} - l \tag{8.1.5}$$

按最小二乘原理，上式中的 $\hat{x}$ 必须满足 $V^T PV = \min$ 的要求，因为 t 个参数为独立量，故可按数学上求函数自由极值的方法，得

$$\frac{\partial V^T PV}{\partial \hat{x}} = 2V^T P \frac{\partial V}{\partial \hat{x}} = V^T PB = 0$$

转置后得

$$B^T PV = 0 \tag{8.1.6}$$

式(8.1.5)和式(8.1.3)中的待求量是 n 个 V 和 t 个 $\hat{x}$，而方程个数也是 $n+t$ 个，有唯一解，此两式联合称为间接平差的基础方程。

解此基础方程，一般是将式(8.1.5)代入式(8.1.6)，以便先消去 V，得

$$B^T PB\hat{x} - B^T Pl = 0 \tag{8.1.7}$$

令

$$N_{bb}_{t\times t} = B^T PB, \quad W_{t\times 1} = B^T Pl$$

上式可简写成

$$N_{bb}\hat{x} - W = 0 \tag{8.1.8}$$

式中，系数阵 N_{bb} 为满秩矩阵，即 $R(N_{bb}) = t$，$\hat{x}$ 有唯一解。式(8.1.8)称为间接平差的法方程，解之得

$$\hat{x} = N_{bb}^{-1} W \tag{8.1.9}$$

或

$$\hat{x} = (B^{\mathrm{T}}PB)^{-1}B^{\mathrm{T}}Pl \tag{8.1.10}$$

将求出的 $\hat{x}$ 代入误差方程(8.1.5)，即可求得改正数 V，从而平差结果为

$$\hat{L} = L + V, \quad \hat{X} = X^0 + \hat{x} \tag{8.1.11}$$

8.1.2 精度评价

计算单位权中误差：

$$\hat{\sigma}_0 = \sqrt{\frac{V^{\mathrm{T}}PV}{n-t}} \tag{8.1.12}$$

根据误差传播定律得参数的权逆阵

$$Q_{\hat{x}\hat{x}} = [B^{\mathrm{T}}PB]^{-1} \tag{8.1.13}$$

参数的中误差为

$$\hat{\sigma}_{\hat{x}_j} = \pm \hat{\sigma}_0 \sqrt{Q_{\hat{x}_j\hat{x}_j}} \tag{8.1.14}$$

其中，j 为 Q_{xx} 的主对角线上的元素。

由平差原理可知平差的一般步骤如下：

(1) 根据平差问题选定未知参数；

(2) 根据观测值与未知参数之间的函数关系建立误差方程式，若误差方程是非线性方程，还要引入参数近似值，将误差方程线性化；

(3) 由误差方程组成法方程；

(4) 解算法方程，求取未知参数。

8.2 水准网误差方程

水准网按间接平差，选待定高程点作为平差的未知参数，有几个待定点就有几个参数。根据已知点高程点和观测路线的高差，求出各个待定点高程的近似值。由高程的近似值和水准路线的高差观测值，求出每条水准路线中的常数项 l，常数项的单位通常为 mm 或 cm。接下来，根据观测路线列水准网的误差方程，形成系数阵 B，有了 B 和 l 便完成了误差方程的建立。

本节用一个经典的水准网平差示例来说明平差计算的原理和步骤，在后续的章节中，以本例来说明程序中的变量和数据组织。

【例 8.2.1】 在图 8.2.1 所示的水准网中，已知各路线的观测高差和路线长度如下：

$$H_A = 5.000\text{m}, \quad H_B = 3.953\text{m}, \quad H_C = 7.650\text{m}$$

试求：(1) 待定点 P_1，P_2，P_3 的最或是高程及其中误差；

(2) 1km 观测高差的中误差。

$h_1 = +0.050\text{m}$，$S_1 = 1\text{km}$，$h_2 = \pm 1.100\text{m}$，$S_2 = 1\text{km}$，
$h_3 = +2.398\text{m}$，$S_3 = 2\text{km}$，$h_4 = \pm 0.200\text{m}$，$S_4 = 2\text{km}$，
$h_5 = +1.000\text{m}$，$S_5 = 2\text{km}$，$h_6 = \pm 3.404\text{m}$，$S_6 = 2\text{km}$，
$h_7 = +3.452\text{m}$，$S_7 = 1\text{km}$，

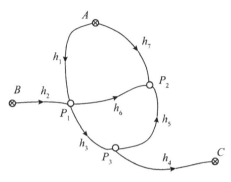

图 8.2.1　水准网

解：(1) 本题 $t = 3$，设待定点 P_1、P_2、P_3 的最或是高程为未知数，即 $\hat{X}_1$、$\hat{X}_2$、$\hat{X}_3$，则可列出观测值方程

$$\left.\begin{array}{l} X_1^0 = H_B + h_2 = 5.053\text{m} \\ X_2^0 = H_A + h_7 = 8.452\text{m} \\ X_3^0 = H_C - h_4 = 7.450\text{m} \end{array}\right\}$$

将已知点高程及未知数的近似值代入观测值方程后的误差方程：

$$\left.\begin{array}{l} h_1 + v_1 = \hat{X}_1 - H_A \\ h_2 + v_2 = \hat{X}_1 - H_B \\ h_3 + v_3 = \hat{X}_3 - \hat{X}_1 \\ h_4 + v_4 = H_C - \hat{X}_3 \\ h_5 + v_5 = \hat{X}_2 - \hat{X}_3 \\ h_6 + v_6 = \hat{X}_2 - \hat{X}_1 \\ h_7 + v_7 = \hat{X}_2 - H_A \end{array}\right\} \Rightarrow \left.\begin{array}{l} v_1 = \hat{x}_1 + 3 \\ v_2 = \hat{x}_1 + 0 \\ v_3 = -\hat{x}_1 + \hat{x}_3 - 1 \\ v_4 = -\hat{x}_3 + 0 \\ v_5 = \hat{x}_2 - \hat{x}_3 + 2 \\ v_6 = -\hat{x}_1 + \hat{x}_2 - 5 \\ v_7 = \hat{x}_2 + 0 \end{array}\right\} \Rightarrow B = \begin{bmatrix} 1 & 0 & 0 \\ 1 & 0 & 0 \\ -1 & 0 & 1 \\ 0 & 0 & -1 \\ 0 & 1 & -1 \\ -1 & 1 & 0 \\ 0 & 1 & 0 \end{bmatrix} \Rightarrow l = \begin{bmatrix} 3 \\ 0 \\ -1 \\ 0 \\ 2 \\ -5 \\ 0 \end{bmatrix},$$

由 $P_i = \dfrac{C}{S_i}$（$C = 2\text{km}$）确定各观测高差的权为

$$P = \begin{bmatrix} 2 & & & & & & \\ & 2 & & & & & \\ & & 1 & & & & \\ & & & 1 & & & \\ & & & & 1 & & \\ & & & & & 1 & \\ & & & & & & 2 \end{bmatrix}$$

组成法方程

$$N_{BB} = B^{\mathrm{T}}PB = \begin{bmatrix} 6 & -1 & -1 \\ -1 & 4 & -1 \\ -1 & -1 & 3 \end{bmatrix}$$

解算法方程得

$$\hat{x} = \begin{bmatrix} 1.8 \\ -0.4 \\ -0.5 \end{bmatrix} \text{mm}, \quad \hat{X} = \begin{bmatrix} 5.0512 \\ 8.4524 \\ 7.4505 \end{bmatrix} \text{m}$$

单位权中误差为 $\sigma_0 = \sqrt{\dfrac{V^{\mathrm{T}}PV}{n-t}} = \sqrt{\dfrac{23.0526}{7-3}} = 2.40\text{mm}$

$$\sigma_{1\text{km}} = \sigma_0 \sqrt{\dfrac{1}{P_{1\text{km}}}} = \sigma_0 \sqrt{\dfrac{1}{2}} = 1.70\text{mm}$$

通过上例，可以总结出水准网误差方程的建立有如下特点：

(1) 水准网误差方程是线形方程，其系数矩阵 B 均由元素 0，1，-1 组成。

(2) 每一条水准路线列一个误差方程式，水准路线两端均为待定点时，起点在 B 中的元素对应为-1，终点在 B 中的元素对应为1，其他点在 B 中元素为0。

(3) 如果起点或终点有一个是已知点，已知点在 B 中的元素为0。

8.3　水准网平差程序设计

水准网间接平差是以测段为平差元素。水准控制网平差程序由四个主要模块组成：

(1) 数据文件组织与数据输入；

(2) 近似高程计算；

(3) 平差计算；

(4)精度评定和成果输出。

图8.3.1所示为水准网平差流程。

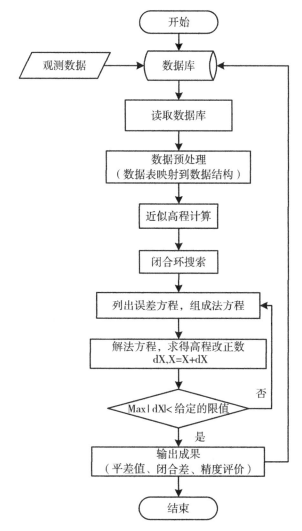

图8.3.1 水准网平差处理流程图

8.3.1 观测数据的组织

1. 水准网平差程序主要变量及说明

水准网平差时涉及许多变量,应熟悉各个变量的作用和意义,以便于设计阅读代码。表 8.3.1 列出了程序中所用的关键变量。

表 8.3.1 关 键 变 量

变量	说明	变量	说明
yzd_count	已知点数量	yzd_h	已知点高程
wzd_count	待定点数量	d0	单位权观测值
cd_count	测段数	X	高程平差值
gcz_count	观测高差数量	V	高差改正数
qdh	测段起点编号	B	误差方程系数
zdh	测段终点编号	P	观测值的权
h0	高差观测向量	N	法方程系数阵
d	测段路线长(公里)	hx	高差平差值

2. 数据组织

以例 8.2.1 的观测数据和已知数据为例,来说明原始观测数据的文件格式。为了计算方便,网中的字母编号由数字代替,已知点编号从 1 开始算起,由小到大进行编号。

数据由已知数据文件和观测数据文件两个文件存储,两个文件名相同(如命名为网名),扩展不同,放在同一目录下,执行程序时,只选择已知点数据文件,观测数据文件会自动读取。

已知点数据文件(∗.yzd):点号,高程(注:逗号为英文半角方式输入)。
观测数据文件(∗.dat):起点号,终点号,高差,路线长。

【例 8.3.1】 例 8.2.1 的数据文件组织如格式下:
已知点数据文件(∗.yzd):
1,5.000
2,3.953
3,7.650
观测数据文件(∗.dat):
1,4,0.05,1
2,4,1.10,1
4,6,2.398,2
6,3,0.200,2
6,5,1.000,2

4，5，3.404，2
1，5，3.452，1

8.3.2 水准网平差 MATLAB 代码

根据变量名和数据组织方式设计如下代码，主要语句参考注释说明：

```
function [stat, X, V, dx] = readsurveydata()
%%高程网严密平差程序
%stat：结构体
    %stat.yzd 已知点数量
    %stat.wzd 未知点数量
    %stat.d0 单位权中误差
%X 高程平差值向量
%V 高差改正数(mm)
%dx 参数平差值中误差
global pathname filename netname;
global yzd;
if(isempty(pathname) || isempty(netname))
    [filename, pathname] = uigetfile( ...
{'*.txt;*.dat', 'data Files (*.txt, *.dat)'; ...
 '*.txt', 'yzd (*.txt)'; ...
 '*.dat', 'survey data (*.dat)'; ...
 '*.*', 'All Files (*.*)'}, ...
'Pick a file');
    if(isempty(pathname))
        return;
    end
    i = find('.' == filename);
    netname = filename(1: i-1);
end
yzd_filepath = strcat(pathname, netname, '.txt');
hc_filepath = strcat(pathname, netname, '.dat');
yzd = dlmread(yzd_filepath);            %读取已知点数据
yzd_n = yzd(:, 1);                      %取出已知点编号
yzd_count = length(yzd_n);              %已知点个数
```

```
yzd_h = yzd( :, 2);                          %取出已知点高程
h0 = dlmread( hc_filepath) ;                 %读取观测数据
cd_count = size( h0, 1);                     %测段数
qdh = h0( :, 1);                             %取出起点号
zdh = h0( :, 2);                             %取出终点号
all_dh = [ qdh; zdh];                        %所有点组成向量
wzd_count = max( all_dh) -yzd_count;         %未知点数量
hh(1: max( all_dh), 1) = nan;                %初始化高程
hh(1: yzd_count) = yzd_h;                    %已知点高程赋值
gc = h0( :, 3);                              %获取观测高差值
d = h0( :, 4);                               %获取观测高路线长度(km)
ie = 0;
B( cd_count, wzd_count) = 0;
L( cd_count, 1) = 0;
while(1)                                     %计算近似高程
    for k = 1: cd_count
        if ( hh( qdh( k)) = = nan && hh( zdh( k)) ~ = nan)
            hh( qdh( k)) = hh( zdh( k)) -gc( k);
            ie = ie+1;
        end
        if ( hh( qdh( k)) ~ = nan && hh( zdh( k)) = = nan)
            hh( zdh( k)) = hh( qdh( k)) +gc( k);
            ie = ie+1;
        end
    end
    if( ie = = wzd_count)                    %结束循环
        break;
    end
end
for k = 1: cd_count
    ii = qdh( k) -yzd_count;
    jj = zdh( k) -yzd_count;
    if( ii>0)
        B( k, ii) = -1;                      %给系数 B 阵赋值
```

```
        end
        if(jj>0)
            B(k,jj)=1;                        %给系数阵赋值
        end
        L(k)=(hh(zdh(k))-hh(qdh(k))-gc(k));
end
L=-L;
s=1./d;
P=diag(s);                                    %观测值的权阵
N=B'*P*B;
W=B'*P*L;
x=N\W;                                        %解法方程
r=cd_count-wzd_count;                         %多余观测数
V=(B*x-L).*1000;                              %改正数单位变为mm
d0=sqrt(V'*P*V/r);                            %单位权观测值
dx=d0*sqrt(diag(N));                          %参数中误差
hx=hh(yzd_count+1:end,:);                     %高差平差值
X=hx+x;                                       %高程平差值
stat.yzd=yzd_count;
stat.wzd=wzd_count;
stat.d0=d0;
```

执行如下命令，结果和实例 8.2.1 完全一样：

```
>>[stat,X,V,Dx]=readsurveydata
stat = yzd: 3
       wzd: 3
        d0: 1.6975
X = 5.0512
    8.4524
    7.4505
V = 1.1579
   -1.8421
    1.3684
   -0.5263
    1.8947
```

$$Dx = \begin{matrix} -2.7368 \\ 0.4211 \\ 2.9402 \\ 2.4007 \\ 2.0790 \end{matrix}$$

第9章 导线网平差及程序设计

随着高精度 GNSS 在大地测量中的广泛应用，传统的经典控制网正在逐渐被 GNSS 控制网取代，但在涉及地下工程测量的应用中，经典控制网仍然是建立高精度控制主要手段，经典控制网主要有三角网、边角网、测边网。因为全站仪现在已全面普及，全站仪既能测边也能测角，单一的纯三角网和纯测边网已不多见，取而代之的是导线网(边角网)。本章主要介绍导线网程序设计方法。

导线网平差仍采用间接平差方法，具体原理已在第 8 章介绍过。

9.1 导线网误差方程的列立

导线网中既有边长观测值，也有方向观测值，误差方程中的边长和方向是经过各项改正和归算得到的最终观测成果。导线网都是把所测方向和边作为平差元素，因此这类网只要按边长观测值、方向观测值列出误差方程式，就可组成法方程式。误差方程式的总数等于网中观测值(所测的边和角)，若按方向坐标平差，则：

未知数数目=待定点×2+方向观测设站数(定向角未知数)

9.1.1 边长观测误差方程

在一条边长观测值中，选择边两端待定点的坐标为参数。设测得待定点间的边长 L_i，设待定点的坐标平差值 $\hat{X}_j$、$\hat{Y}_j$、$\hat{X}_k$ 和 $\hat{Y}_k$ 为参数，则

$$\hat{X}_j = X_j^0 + \hat{x}_j, \quad \hat{Y}_j = Y_j^0 + \hat{y}_j$$

$$\hat{X}_k = X_k^0 + \hat{x}_k, \quad \hat{Y}_k = Y_k^0 + \hat{y}_k$$

可写出 $\hat{L}_i$ 的平差值方程为

$$\hat{L}_i = L_i + v_i = \sqrt{(\hat{X}_k - \hat{X}_j)^2 + (\hat{Y}_k - \hat{Y}_j)^2} \tag{9.1.1}$$

经线性化得

$$L_i + v_i = S_{jk}^0 + \frac{\Delta X_{jk}^0}{S_{jk}^0}(\hat{x}_k - \hat{x}_j) + \frac{\Delta Y_{jk}^0}{S_{jk}^0}(\hat{y}_k - \hat{y}_j) \quad (9.1.2)$$

式中,

$$\Delta X_{jk}^0 = X_k^0 - X_j^0$$

$$\Delta Y_{jk}^0 = Y_k^0 - Y_j^0$$

$$S_{jk}^0 = \sqrt{(X_k^0 - X_j^0)^2 + (Y_k^0 - Y_j^0)^2}$$

再令

$$l_i = L_i - S_{jk}^0 \quad (9.1.3)$$

则由式(9.1.2)可得测边的误差方程为

$$v_i = -\frac{\Delta X_{jk}^0}{S_{jk}^0}\hat{x}_j - \frac{\Delta Y_{jk}^0}{S_{jk}^0}\hat{y}_j + \frac{\Delta X_{jk}^0}{S_{jk}^0}\hat{x}_k + \frac{\Delta Y_{jk}^0}{S_{jk}^0}\hat{y}_k - l_i \quad (9.1.4)$$

式中,右边前4项之和是由坐标改正数引起的边长改正数。

式(9.1.4)就是测边网坐标平差误差方程式的一般形式,它是在假设两端点都是待定点的情况下导出的。具体计算时,可按不同情况灵活运用。

(1)若某边的两端点均为待定点,则式(9.1.4)就是该观测边的误差方程。式中,$\hat{x}_j$ 与 $\hat{x}_k$ 的系数的绝对值相等,$\hat{y}_j$ 与 $\hat{y}_k$ 的系数的绝对值也相等。常数项等于该边的观测值减其近似值。

(2)若 j 为已知点,则 $\hat{x}_j = \hat{y}_j = 0$,得

$$v_i = \frac{\Delta X_{jk}^0}{S_{jk}^0}\hat{x}_k + \frac{\Delta Y_{jk}^0}{S_{jk}^0}\hat{y}_k - l_i \quad (9.1.5)$$

若 k 为已知点,则 $\hat{x}_k = \hat{y}_k = 0$,得

$$v_i = -\frac{\Delta X_{jk}^0}{S_{jk}^0}\hat{x}_j - \frac{\Delta Y_{jk}^0}{S_{jk}^0}\hat{y}_j - l_i \quad (9.1.6)$$

若 j、k 均为已知点,则该边为固定边(不观测),故对该边不需要列误差方程。

9.1.2 方向观测值误差方程的列立

由于导线网的水平角一般是采用方向观测法观测,并由相邻方向相减而得,故它们是相关观测值。此时,若不顾及函数间的相关性,平差结果将受到一定的曲解。因此,坐标平差法应尽可能按方向平差。

水平控制网按坐标平差法进行平差时,为了降低法方程的阶数以便于解算,定向角未知数可采用一定的法则予以消掉。由于误差方程式的组成简单且有规律,便于由程序实现全部计算,网中每一观测值都应列出一个误差方程式。

为了便于计算，通常总是将观测值改正数表示为对应待定点坐标近似值改正数的线性式。坐标平差的第一步是列出误差方程。对于导线网而言，参与平差的观测值有未定向的方向，选定的未知数是待定点的纵、横坐标值。误差方程式就是方向观测值改正数表达为待定点纵横坐标值的函数式，可以通过坐标方位角来建立方向值与未知数之间的联系。

如图9.1.1所示，在测站 k 上观测了 k_0, k_i, $\cdots$, k_n 方向，其方向观测值为 L_{k0}, L_{ki}, $\cdots$, L_{kn}，它们的改正数为 V_{k0}, V_{ki}, $\cdots$, V_{kn}。k_0 为测站的零方向（起始方向）。

设待定点 k, i 两点的坐标平差值 $\hat{X}_i$、$\hat{Y}_i$、$\hat{X}_k$ 和 $\hat{Y}_k$ 为参数，则有如下关系：

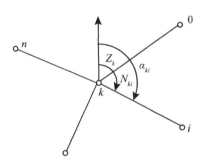

图 9.1.1　方向观测

$$\hat{X}_k = X_k^0 + \hat{x}_k \quad \hat{X}_i = X_i^0 + \hat{x}_i$$
$$\hat{Y}_k = Y_k^0 + \hat{y}_k \quad \hat{Y}_i = Y_i^0 + \hat{y}_i$$
$$\alpha_{ki} = \alpha_{ki}^0 + \delta\alpha_{ki} \tag{9.1.7}$$

由坐标反算公式得

$$\alpha_{ki}^0 + \delta\alpha_{ki} = \arctan \frac{(Y_i^0 + \hat{y}_i) - (Y_k^0 + \hat{y}_k)}{(X_i^0 + \hat{x}_i) - (X_k^0 + \hat{x}_k)} \tag{9.1.8}$$

将上式线性化，得

$$\delta\alpha_{ki}'' = -\frac{\rho'' \Delta Y_{ki}^0}{S_{ki}^0}\hat{x}_k - \frac{\rho'' \Delta X_{ki}^0}{S_{ki}^0}\hat{y}_k + \frac{\rho'' \Delta Y_{ki}^0}{S_{ki}^0}\hat{x}_i + \frac{\rho'' \Delta X_{ki}^0}{S_{ki}^0}\hat{y}_i \tag{9.1.9}$$

或写成

$$\delta\alpha''_{ki} = -\frac{\rho''\sin\alpha_{ki}^0}{S_{ki}^0}\hat{x}_k - \frac{\rho''\cos\alpha_{ki}^0}{S_{ki}^0}\hat{y}_k + \frac{\rho''\sin\alpha_{ki}^0}{S_{ki}^0}\hat{x}_i + \frac{\rho''\cos\alpha_{ki}^0}{S_{ki}^0}\hat{y}_i$$

将式(9.1.9)代入式(9.1.7)，得
$$v_{ki} = -z_k - a_{ki}\hat{x}_k - b_{ki}\hat{y}_k + a_{ki}\hat{x}_i + b_{ki}\hat{y}_i - l_{ki} \quad (9.1.10)$$
式中，
$$a_{ki} = -\frac{\rho''\Delta Y_{ki}^0}{(S_{ki}^0)^2}, \quad b_{ki} = -\frac{\rho''\Delta X_{ki}^0}{(S_{ki}^0)^2}$$
$$S_{ki} = \sqrt{(X_i^0 - X_k^0)^2 + (Y_i^0 - Y_k^0)^2}, \quad l_{ki} = \alpha_{ki}^0 - L_{ki} - Z_k$$

式(9.1.10)就是坐标改正数与方向改正数间的一般关系式，其中 α_{ki} 以秒为单位。平差计算时，可按不同的情况灵活应用上式。

(1)若某边的两端点均为待定点，则式(9.1.10)就是该观测边的方向误差方程。式中，$\hat{x}_i$ 与 $\hat{x}_k$ 的系数的绝对值相等，$\hat{y}_i$ 与 $\hat{y}_k$ 的系数的绝对值也相等。常数项等于该边的观测值减其近似值。

(2)若 i 为已知点，则 $\hat{x}_i = \hat{y}_i = 0$，得
$$v_{ki} = -z_k - a_{ki}\hat{x}_k - b_{ki}\hat{y}_k - l_i \quad (9.1.11)$$
若 k 为已知点，则 $\hat{x}_k = \hat{y}_k = 0$，得
$$v_{ki} = -z_k + a_{ki}\hat{x}_i + b_{ki}\hat{y}_i - l_i \quad (9.1.12)$$
若 i、k 均为已知点，则该边为固定边(不观测)，故对该边不需要列误差方程。

(3)某边的误差方程按 i 到 k 方向列出或按 k 到 i 方向列出，结果相同。

9.1.3 误差方程式的改化

按方向坐标平差时，方向误差方程式有两个显著的特点：一是由同一测站上各观测方向所组成的误差方程式中，有共同的定向角未知数，且系数均为-1；二是对向观测的两个方向误差方程式同名未知数的系数相同。根据这两个特点，可对误差方程式进行改化(约化)，以减少未知数(法方程式的阶数同样得到减少)和误差方程式的数目。

一个测站上的误差方程如下：
$$v_{k1} = -z_k - a_{k1}\delta x_k - b_{k1}\delta y_k + a_{k1}\delta x_1 + b_{k1}\delta x_y - l_{k1} \quad (p_{k1} = 1)$$
$$v_{k2} = -z_k - a_{k2}\delta x_k - b_{k2}\delta y_k + a_{k2}\delta x_1 + b_{k2}\delta x_y - l_{k2} \quad (p_{k2} = 1)$$
$$\cdots\cdots$$
$$v_{kn_k} = -z_k - a_{kn_k}\delta x_k - b_{kn_k}\delta y_k + a_{kn_k}\delta x_1 + b_{kn_k}\delta x_y - l_{kn_k} \quad (p_{kn_k} = 1)$$

消去定向角未知数的等效误差方程可表示为
$$v'_{k1} = -a_{k1}\delta x_k - b_{k1}\delta y_k + a_{k1}\delta x_1 + b_{k1}\delta x_y - l_{k1} \quad (p'_{k1} = 1)$$

$$v'_{k2} = -a_{k2}\delta x_k - b_{k2}\delta y_k + a_{k2}\delta x_1 + b_{k2}\delta x_y - l_{k2} \quad (p'_{k2} = 1)$$

……

$$v'_{kn_k} = -a_{kn_k}\delta x_k - b_{kn_k}\delta y_k + a_{kn_k}\delta x_1 + b_{kn_k}\delta x_y - l_{kn_k} \quad (p'_{kn_k} = 1)$$

$$v'_k = -\Big(\sum_{i=1}^{n_k} a_{ki}\Big)\delta x_k - \Big(\sum_{i=1}^{n_k} b_{ki}\Big)\delta y_k + \sum_{i=1}^{n_k}(a_{ki}\delta x_i + b_{ki}\delta y_i) - \sum_{i=1}^{n_k} l_{ki} \quad (p'_k = -\frac{1}{n_k})$$

9.2 平面网误差椭圆

平面控制测量的目的是确定待定控制点的一对平面直角坐标。由于观测值总是带有误差，因而根据观测值，通过平差计算所得的是待定点的最或然坐标 x、y，并不是其坐标真值 $\tilde{x}$、$\tilde{y}$。

在工程测量中，当平面网平差完毕后，一般都要评价整个观测数据的质量，如计算单位权中误差、待定点纵横坐标中误差，具体计算原理在第 8 章的精度评价中已作介绍，对于平面网而言，我们不仅关注的是绝对误差（相对于起算点的误差），而且有时我们更加注重的是相对误差或在某一方向上的误差。此时，在待定点上绘制绝对误差椭圆和待定点之间绘制相对误差椭圆能够直观地发现各个方向的误差大小。

9.2.1 位差的极值与极值方向

位差是待定点的计算位置与实际位置所偏离的一段线量长度，根据误差理论与测量平差知识，得任意方位 φ 方向上点位方差的计算公式为

$$\sigma_\varphi^2 = \sigma_x^2 \cos^2\varphi + \sigma_y^2 \sin^2\varphi + \sigma_{xy}\sin 2\varphi \quad (9.2.1)$$

或

$$\sigma_\varphi^2 = \sigma_0^2 Q_{\varphi\varphi} = \sigma_0^2(Q_{xx}\cos^2\varphi + Q_{yy}\sin^2\varphi + Q_{xy}\sin 2\varphi) \quad (9.2.2)$$

在式(9.2.1)中，对于某具体平差问题，σ_0 和协因数与 φ 角无关的定值，故 $Q_{\varphi\varphi}$ 是 φ 的函数。因此，只要将 $Q_{\varphi\varphi}$ 对 φ 求导，并令其为零，即可求出取得极值时的方向 φ_0。

$$\tan 2\varphi_0 = \frac{2Q_{xy}}{Q_{xx} - Q_{yy}} \quad (9.2.3)$$

根据上式可得两个解 $2\varphi_0$ 和 $2\varphi_0 + 180°$，极值方向为 φ_0 和 $\varphi_0 + 90°$。为判断哪一个是极大值方向，哪一个是极小值方向，将 φ_0 代入式(9.2.2)，得

$$\sigma_{\varphi_0}^2 = \sigma_0^2(Q_{xx}\cos^2\varphi_0 + Q_{yy}\sin^2\varphi_0 + Q_{xy}\sin 2\varphi_0)$$

$$= \sigma_0^2\left(Q_{xx}\cos^2\varphi_0 + Q_{yy}\sin^2\varphi_0 + Q_{xy}\frac{2\tan\varphi_0}{1+\tan^2\varphi_0}\right)$$

式中，括号内前两项恒为正值，因此，当 Q_{xy} 与 $\tan\varphi_0$ 同号时，$\sigma^2_{\varphi_0}$ 为极大值，而 $\sigma^2_{\varphi_0+90°}$ 为极小值；当 Q_{xy} 与 $\tan\varphi_0$ 异号时，$\sigma^2_{\varphi_0}$ 为极小值，而 $\sigma^2_{\varphi_0+90°}$ 为极大值。习惯上，E 表示极大值，F 表示极小值，φ_E 表示极大值方向，φ_F 表示极小值方向。φ_E 与 φ_F 总是互差 $90°$，即 $\varphi_F = \varphi_E + 90°$。计算极大值 E 和极小值 F 的实用公式为

$$E^2 = \frac{1}{2}\sigma_0^2[(Q_{xx} + Q_{yy}) + K]$$
$$F^2 = \frac{1}{2}\sigma_0^2[(Q_{xx} + Q_{yy}) - K]$$
(9.2.4)

其中，
$$K = \sqrt{(Q_{xx} - Q_{yy})^2 + 4Q_{xy}^2}$$

不难看出，σ_P^2 与 E^2 及 F^2 存在如下关系：

$$\sigma_P^2 = E^2 + F^2 \tag{9.2.5}$$

9.2.2 误差椭圆

在任意方向位差计算公式(9.2.1)中，方向 φ 是从 x 轴算起的。现给出以极值 E、F 表示的任意方向 ψ 上位差的计算公式。此处，方向 ψ 是以极大值 E 的方向为起始轴的，即把 xEy 坐标系旋转 φ_E 角后形成 $x_e E y_e$ 坐标系（图9.2.1）。

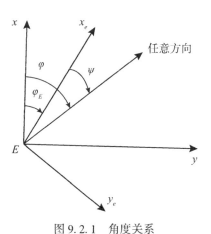

图 9.2.1 角度关系

由图 9.2.1 可知，任意方向在两个坐标系中的方位角有如下关系：
$$\varphi = \psi + \varphi_E$$

把 $\varphi = \psi + \varphi_E$ 代入式(9.2.1)得
$$\sigma_\psi^2 = E^2 \cos^2\psi + F^2 \sin^2\psi \tag{9.2.6}$$

此即以极大值方向为起始轴,用 E、F 表示的任意方向 ψ 上位差 σ_ψ 的计算公式。

以不同的 ψ ($0° \leqslant \psi \leqslant 360°$) 值代入式(9.2.6),算出各个方向的 σ_ψ 值,以 ψ 和 σ_ψ 为极坐标的点的轨迹必为一闭合曲线(如图 9.2.2 中虚线部分),称为误差曲线,它把各方向的位差清楚地图解了出来。

误差曲线不是一种典型曲线,作图也不方便,因此降低了它的实用价值。但其形状与以 E、F 为长短半轴的椭圆很相似(如图 9.2.2 实线部分)。在以 x_e、y_e 为轴的坐标系中,该椭圆的方程为

$$\frac{x_e^2}{E^2} + \frac{y_e^2}{F^2} = 1 \qquad (9.2.7)$$

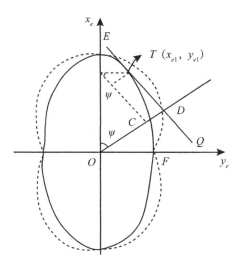

图 9.2.2 误差曲线与误差椭圆

椭圆是一种规则图形,作图也比较容易。所以,实际上常用以 E、F 为长、短半轴的椭圆来代替相应的误差曲线,并用来计算待定点在各方向上的位差,故称该椭圆为误差椭圆。确定误差椭圆的参数为 φ_E、E、F。

实用中,绘制误差椭圆也只需要确定 φ_E、E 和 F。

9.3 导线网平差数据组织

9.3.1 数据文件组织

导线网的观测元素是方向值和边长值,起算数据是已知点坐标。观测数

据用两个数据文件进行管理，分别是已知数据文件和观测数据文件。

已知数据文件(*.yzd)的数据组织方式：

i(点号)，X，Y

k(点号)，X，Y

……

观测数据文件(*.fxz)的数据组织方式：

m(测站点号)，k(照准点号)，L(方向观测值)，边长观测值

m(测站点号)，k(照准点号)，L(方向观测值)，边长观测值

……

说明：数据按行输入，逗号按英文半角符号输入，方向观测值按测站输入，如果边长没有观测值，则不需要输入。为了程序读入数据的方便，已知数据文件名和观测数据文件名相同(如用控制网的名称命名)，并存放在同一目录下，在输入数据时，只需要选择已知点数据文件即可。

9.3.2 导线网平差程序主要变量

导线网平差相对水准网平差要复杂一些，涉及的变量较多，一些关键变量列于表 9.3.1 中，其他变量在代码注释中有说明。

表 9.3.1 　　　　　　　　导线网平差程序主要变量及说明

变量	说明	变量	说明
pyzd_count	已知点数量	d	测角中误差
pwzd_count	待定点数量	s	测边比例误差 ppm
cd_count	方向观测数	m	测边固定误差 mm
pbcz_count	边长观测数	pcz_count	测站数
X	坐标平差值 X	Y	坐标平差值 Y
pfxz_qdh	测站点编号	B	误差方程系数
pfxz_zdh	照准点编号	P	观测值的权
jszb_x	近似坐标 X	N	法方程系数阵
jszb_y	近似坐标 Y	V	改正数
pfxz_d	边长观测值	Lxx	常数项
pfxz_f	方向观测值	pfwj	边长值，近似方位角

导线网中每一条边均观测方向和边长,一般来说,已知边也是其中的观测方向,而且往往是作为零方向,有已知边的测站上的方向观测值,都能根据已知方位角和方向观测值,容易地算出其他方向上的近似方位角。而该测站上的方向边也可能作为其他测站的零方向,进一步能推算出其他测站上观测方向的近似方位角。经过循环搜索多遍直到所有边的近似方位角算出,结束搜索。近似方位角的算法流程见图9.3.1。

各边的近似方位角求出后,每条经过实测,根据极坐标法计算出各待定点的近似坐标。

9.3.3 导线网平差代码

代码存储为 plannet_adjustment.m 文件,该函数能完成近似坐标的计算,列立误差方程,组成法方程,解算法方程,输出成果,绘制控制网图和误差椭圆,代码中的关键语句和变量均有注释。

```
function [X, Y, d0] = plannet_adjustment(d, m, s)
%% plannet_adjustment.m 导线网严密平差
%定权元素 d 为验前中误差
%定权元素 m 为测边固定误差 mm
%定权元素 s 为测边比例误差 ppm
%X 平差结果 X 坐标
%Y 平差结果 Y 坐标
%d0 单位权中误差
%%
global plan_pathname plan_filename plan_netname;
global yzd_x0;
if(isempty(plan_pathname) || isempty(plan_netname))    %选择打开文件
    [plan_filename, plan_pathname] = uigetfile( ...
        {'*.yzd;*.fxz', 'data Files (*.yzd, *.fxz)';
         '*.yzd', 'yzd (*.yzd)'; ...
         '*.*', 'All Files (*.*)'}, ...
        'Pick a file');
    if(isempty(plan_pathname))
        return;
    end
    i = find('.' == plan_filename);
```

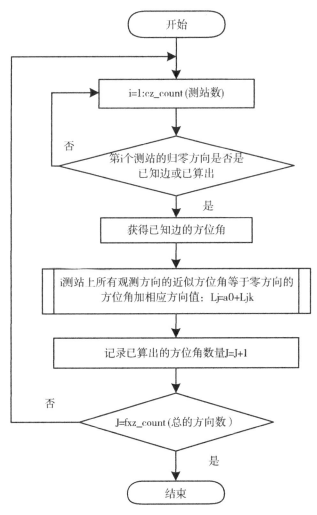

图 9.3.1 近似方位角推算流程图

```
        plan_netname=plan_filename(1: i-1);
end
yzd_filepath=strcat(plan_pathname, plan_netname, '.yzd');
fxz_filepath=strcat(plan_pathname, plan_netname, '.fxz');
pyzd=dlmread(yzd_filepath);            %读取已知点数据
pyzd_n=pyzd(:, 1);                     %取出已知点编号
pyzd_count=length(pyzd_n);             %已知点个数
```

```
yzd_x0 = pyzd( : , 2);                    %取出已知点 X
yzd_y0 = pyzd( : , 3);                    %取出已知点 Y
pfxz = dlmread( fxz_filepath);
pfxz_qdh = pfxz( : , 1);                  %取出方向值起点编号
pfxz_zdh = pfxz( : , 2);                  %取出方向值终点编号
pfxz_f = pfxz( : , 3);                    %取出方向值
pfxz_d = pfxz( : , 4);                    %取出边长值
pfxz_f = dms_rad( pfxz_f);                %转换为弧度
bcz_h = find( pfxz_d>0);
Zc = find( pfxz( : , 3) = = 0);
pcz_count = length( Zc);                  %测站数
pbcz_count = length( bcz_h);              %边长值数目
all_count = max( pfxz_qdh);
wzd_count = all_count-pyzd_count;         %待定点数目
jszb_x( 1: all_count, 1) = nan;
jszb_y( 1: all_count, 1) = nan;
jszb_x( 1: pyzd_count, 1) = yzd_x0;
jszb_y( 1: pyzd_count, 1) = yzd_y0;
pfxz_count = length( pfxz_f);
ZA = ones( pfxz_count, 1). *9999.999;
pfwj = [ pfxz, ZA];                       %方位角赋初值
%%
%计算各边的近似方位角
ei = 0;
while( 1)
    for n = 1: pfxz_count                 %按观测方向数循环
        n1 = pfxz_qdh( n);                %测站点
        n2 = pfxz_zdh( n);                %照准点
        z1 = find( pyzd_n = = n1, 1);
        z2 = find( pyzd_n = = n2, 1);
        if( pfwj( n, 5) ~ = 9999.999)     %该方向的近似方位角是否已
                                          算出
            continue;
        end
```

```
            if(~isempty(z1) && ~isempty(z2))    %测站点是已知点吗,照
                                                 准点是已知点吗
                x1=yzd_x0(n1);
                y1=yzd_y0(n1);
                x2=yzd_x0(n2);
                y2=yzd_y0(n2);
                [ds,da]=xy_inv(x1,y1,x2,y2);    %根据已知坐标反
                                                 算已知方位角
                pfwj(n,5)=da;
                pfwj(n,4)=ds;
                ei=ei+1;
                n1=find(pfxz_zdh==n1);
                n2=find(pfxz_qdh==n2);
                n3=intersect(n1,n2);
                if(~isempty(n3))    %如果在观测方向中,有反方向,则计
                                     算反方向的方位角
                    pfwj(n3,5)=da+pi;
                    pfwj(n3,4)=ds;
                    ei=ei+1;
                end
            else    %方向不是由已知边构成的,通过归0方向的方位角加方
                     向值计算方位角

                XZ=find(pfxz(:,3)==0);    %找出所有归0方向值
                X1=pfxz_qdh(XZ);          %取出0方向的测站点
                z= X1==n1;
                z=XZ(z);         %测站点是要计算的方位值的起点

                if(z>0)    %存在这样的起点,即找到了本站的0方向值
                    if(pfwj(z,5)~=9999.999)    %本站的0方向值的方
                                                位角是否已算出
                        pfwj(n,5)=pfwj(z,5)+dms_rad(pfxz(n,3));
%本站的0方向的方位角
                        ei=ei+1;
```

9.3 导线网平差数据组织

```
            n1 = find(pfxz_zdh = = n1);
            n2 = find(pfxz_qdh = = n2);
            n3 = intersect(n1, n2);
             if(~isempty(n3)&&pfwj(n3, 5) = = 9999.999)
%如果有反方向观测值,则计算反方向的方位角
                pfwj(n3, 5) = pfwj(n, 5) + pi;
                ei = ei+1;
            end
      else  %本站的0方向值的方位角没有算出,反方向查
            找已求解出的方位角
            XZ = find(pfxz(:, 3)~=0);     %找出所有非0方
                                            向值
            X1 = pfxz_qdh(XZ);
            z2 = X1 = = n1;
            z2 = XZ(z2);
            if(z2>0)  %找与起点是同一测站的观测方向
                zw = pfwj(z2, 5)~=9999.999;
                zp = z2(zw);
                if(pfwj(zp, 5)~=9999.999)  %找与起点是
                                            同一测站的
                                            观测方向是
                                            否已算出方
                                            位角
                zm = zp(1);     %取出一个已算出的方
                                            位角
 pfwj(n, 5) = pfwj(zm, 5)-dms_rad(pfxz(zm, 3))+dms_rad(pfxz(n, 3));
%求出方位角
                ei = ei+1;
                n1 = find(pfxz_zdh = = n1);
                n2 = find(pfxz_qdh = = n2);
                n3 = intersect(n1, n2);
                 if(~isempty(n3)&&pfwj(n3, 5) = =
9999.999)   %返方位角
                    pfwj(n3, 5) = pfwj(n, 5) + pi;
```

```
                        ei=ei+1;
                    end
                end
            end
        end
    end
end
if(ei==pfxz_count)    %所有观测方向的近似方位角已算出,结束
                       循环
    pfwj(:,5)=mod(pfwj(:,5),2*pi);
    pfwj(:,3)=dms_rad(pfwj(:,3));
    break;
end
    end
end
%%
%每个观测方向上获得该边的边长
for n=1: pfxz_count
    if(pfwj(n,4)~=0)                %已知边长
        continue;
    end
    n1=pfxz_qdh(n);                 %测站点
    n2=pfxz_zdh(n);                 %照准点
    z1=find(pfxz_qdh==n2);
    z2=find(pfxz_zdh==n1);
    n3=intersect(z1,z2);            %找出反方向的边长
    if(n3>0)
        pfwj(n,4)=pfwj(n3,4);
    end
end
%%
%计算近似坐标
e2=0;
while(1)
```

9.3 导线网平差数据组织

```
for n = 1: pfxz_count
    n1 = pfxz_qdh(n);          %测站点
    n2 = pfxz_zdh(n);          %照准点
    if(n1<=pyzd_count && n2<=pyzd_count)   %该方向值的起
                                            点和终点坐标
                                            是已知点
        continue;
    elseif(n1<=pyzd_count && n2>pyzd_count) %该方向值的
                                            起点是已知
                                            点和终点是
                                            待定点
        if(isnan(jszb_x(n2))==1)
            jszb_x(n2)=jszb_x(n1)+pfwj(n, 4) * cos(pfwj(n, 5));     %极坐标法计算坐标
            jszb_y(n2)=jszb_y(n1)+pfwj(n, 4) * sin(pfwj(n, 5));     %极坐标法计算坐标
            e2=e2+1;
        end
    elseif(n1>pyzd_count && n2<=pyzd_count) %该方向值的
                                            起点是待定
                                            点,终点是
                                            已知点
        if(isnan(jszb_x(n1))==1)
            jszb_x(n1)=jszb_x(n2)+pfwj(n, 4) * cos((pfwj(n, 5)-pi));
            jszb_y(n1)=jszb_y(n2)+pfwj(n, 4) * sin((pfwj(n, 5)-pi));
            e2=e2+1;
        end
    else                        %该方向值的起点和终点坐标是未知点
        if(isnan(jszb_x(n1))==0 && isnan(jszb_x(n2))==1)
            jszb_x(n2)=jszb_x(n1)+pfwj(n, 4) * cos(pfwj(n, 5));
            jszb_y(n2)=jszb_y(n1)+pfwj(n, 4) * sin(pfwj(n, 5));
            e2=e2+1;
```

```
                    elseif(isnan(jszb_x(n1))==1 &&isnan(jszb_x
(n2))==0)
                        jszb_x(n1)=jszb_x(n2)+pfwj(n,4)*cos(pfwj(n,5)-pi);
                        jszb_y(n1)=jszb_y(n2)+pfwj(n,4)*sin(pfwj(n,5)-pi);
                        e2=e2+1;
                    end
                end
            end
            if(e2==wzd_count)         %所有观测方向的近似方位角已算
                                      出,结束循环
                break;
            end
        end
%%
%列出方向观测误差方程
Bxx=[ ];
Bss=[ ];
Lss=[ ];
Lxx=[ ];
Ls=[ ];
e3=0;
for n=1: pcz_count                    %测站数
    sz=find(pfwj(:, 1)==n);           %找出所有与站点同名的起点
    dw=pfwj(sz, 5)-pfwj(sz, 3);
    sw=find(dw<0);
    dw(sw)=dw(sw)+2*pi;
    z0=mean(dw);                      %归0方向的近似方位角的均值
    ni=length(sz);
    Bx=zeros(ni, 2*all_count);
    Lx=zeros(ni, 1);
    Bs=zeros(1, 2*all_count);
    Ls=zeros(1, 1);
    px(n)=-1/ni;                      %和式的权
    for ii=1: ni                      %本测站的方向观测数
```

```
nx = sz(ii);
n1 = pfxz_qdh(sz(ii));        %测站点
n2 = pfxz_zdh(sz(ii));        %照准点
x1 = jszb_x(n1);              %得到近似坐标
y1 = jszb_y(n1);
x2 = jszb_x(n2);
y2 = jszb_y(n2);
[a, b] = xy_inv(x1, y1, x2, y2);     %计算近似边长和近似方
                                      位角
 aij = sin(b). * 2062.648./a;  %误差方程系数,单位为:
                                秒/cm
 bij = -cos(b). * 2062.648./a; %误差方程系数,单位为:
                                秒/cm
Lx(ii) = (b-pfwj(nx, 3)-z0);   %误差方程常数,单位为:
                                弧度
if(Lx(ii)<-pi)
    Lx(ii) = Lx(ii)+2 * pi;
end
Lx(ii) = Lx(ii) * 206264.8;    %误差方程常数,单位为:秒
if(n1<=pyzd_count&&n2>pyzd_count)
    Bx(ii, n1 * 2-1) = 0;
    Bx(ii, n1 * 2) = 0;
    Bx(ii, n2 * 2-1) = -aij;
    Bx(ii, n2 * 2) = -bij;
elseif(n1>pyzd_count&&n2<=pyzd_count)
    Bx(ii, n1 * 2-1) = aij;
    Bx(ii, n1 * 2) = bij;
    Bx(ii, n2 * 2-1) = -0;
    Bx(ii, n2 * 2) = -0;
elseif(n1<=pyzd_count&&n2<=pyzd_count)
    Bx(ii, n1 * 2-1) = 0;
    Bx(ii, n1 * 2) = 0;
    Bx(ii, n2 * 2-1) = -0;
    Bx(ii, n2 * 2) = -0;
```

```
        else
            Bx(ii, n1*2-1) = aij;
            Bx(ii, n1*2) = bij;
            Bx(ii, n2*2-1) = -aij;
            Bx(ii, n2*2) = -bij;
        end
        if(ii == length(sz))
            e3 = e3+1;
            Bxx = [Bxx; Bx];
            Bs = sum(Bx);
            Bss = [Bss; Bs];      %和方程系数
            Lxx = [Lxx; Lx];
            Ls = sum(Lx);
            Lss = [Lss; Ls];      %和方程常数项
        end
    end

end
%%
%边长误差方程式的建立
bz = find(pfxz_d ~= 0);
sz = length(bz);
Bx = zeros(sz, 2*all_count);
Ls = zeros(sz, 1);
Ps = zeros(sz, 1);                %边长的权
for ii = 1: sz
    nx = bz(ii);
    n1 = pfxz_qdh(nx);            %测站点
    n2 = pfxz_zdh(nx);            %照准点
    x1 = jszb_x(n1);
    y1 = jszb_y(n1);
    x2 = jszb_x(n2);
    y2 = jszb_y(n2);
    [a, b] = xy_inv(x1, y1, x2, y2);
```

```
            dx=x2-x1;
            dy=y2-y1;
            bij=-dy./a;
            aij=-dx./a;
            lij=(a-pfwj(nx,4))*100;          %常数项cm
            xs=m+s*pfwj(nx,4)/1000;
            xs=xs/10;
            Ps(ii)=(10/xs)^2;
            if(n1<=pyzd_count&&n2>pyzd_count)
                Bx(ii,n1*2-1)=-0;
                Bx(ii,n1*2)=-0;
                Bx(ii,n2*2-1)=-aij;
                Bx(ii,n2*2)=-bij;
                Ls(ii)=lij;
            elseif(n1>pyzd_count&&n2<=pyzd_count)
                Bx(ii,n1*2-1)=aij;
                Bx(ii,n1*2)=bij;
                Bx(ii,n2*2-1)=-0;
                Bx(ii,n2*2)=-0;
                Ls(ii)=lij;
            elseif(n1>pyzd_count&&n2>pyzd_count)
                Bx(ii,n1*2-1)=aij;
                Bx(ii,n1*2)=bij;
                Bx(ii,n2*2-1)=-aij;
                Bx(ii,n2*2)=-bij;
                Ls(ii)=lij;
        end
    end
%%
%组成法方程,解法方程
Bxx=[Bxx;Bx];           %方向观测值和边长观测值组成的B
Lxx=[Lxx;Ls];           %方向观测值和边长观测值组成的L
Bxx=[Bxx;Bss];          %连接合并和方程系数
Lxx=[Lxx;Lss];          %连接合并和方程常数
```

```
B = Bxx(:, pyzd_count * 2+1: end);        %最终的系数阵 B
Om1 = ones(1, pfxz_count);                %方向观测值的权
Om2 = blkdiag(px);                        %和方程的权
Om3 = blkdiag(Ps);                        %边长观测的权
Om = [Om1, Om3', Om2];
P = diag(Om);                             %最终的权阵 P
Pv = diag([Om1, Om3']);                   %截去和式的权
N = B' * P * B;                           %法方程系数
W = B' * P * Lxx;
dx = N \ W;                               %解算法方程
X1 = dx(2: 2: end,:);                     %截取待定点
Y1 = dx(2: 2: end,:);
X = jszb_x(pyzd_count+1: end,:) +X1./100; %近似值+参数=坐标平差值
Y = jszb_y(pyzd_count+1: end,:) +Y1./100; %近似值+参数=坐标平差值
Vx = B * dx-Lxx;
Vd = length(Vx);
V = Vx(1: Vd-pcz_count);                  %截取和方程的改正数
%%精度输出
n = pbcz_count+pfxz_count;                %总的观测数
r = n-2 * wzd_count;                      %多余观测数
d0 = sqrt(V' * Pv * V/r);                 %单位权中误差
hold on;
%%
%%绘制控制网图
title('控制网略图');
xlabel('Y');
ylabel('X');
for n = 1: pfxz_count
    n1 = pfxz_qdh(n);                     %测站点
    n2 = pfxz_zdh(n);                     %照准点
    x1 = jszb_x(n1);
    y1 = jszb_y(n1);
```

```
            x2 = jszb_x(n2);
            y2 = jszb_y(n2);
            hold on;
            if(n1<=pyzd_count &&n2<=pyzd_count)
                plot([y1, y2], [x1, x2], '->b', 'LineWidth', 2);
                text(y1+50, x1+50, num2str(n1));
            elseif(n1>pyzd_count &&n2>pyzd_count)
                plot([y1, y2], [x1, x2], '-sb');
                text(y1+50, x1+50, num2str(n1));
            else
                plot([y1, y2], [x1, x2], 'b');
            end
        end
    %%
    %绘制误差椭圆
    i=1;
    for j=1: wzd_count
        Qx=N(i, i);
        Qy=N(i+1, i+1);
        Qxy=N(i, i+1);
        K=sqrt((Qx-Qy).^2+4*Qxy.^2);
        EE=d0.^2*(Qx+Qy+K)./2;
        FF=d0.^2*(Qx+Qy-K)./2;
        E=sqrt(EE);              %椭圆长半轴
        F=sqrt(FF);              %椭圆短半轴
        i=i+2;
        Qe=EE/d0;
        Qf=FF/d0;
        fe=atan((Qe-Qx)/Qxy);
        yy=Y(j)+(E*cos(0: 0.01: 2*pi)*sin(fe)+F*sin(0: 0.01:
2*pi)*cos(fe))*100;    %椭圆放大100倍
        xx=X(j)+(E*cos(0: 0.01: 2*pi)*cos(fe)-F*sin(0: 0.01:
2*pi)*sin(fe))*100;
        plot(yy, xx, 'r');
```

end
axis equal；
end

9.3.4 导线网平差算例

【例 9.3.1】 导线网已知点为 1 和 2、4，待定点为 3、4、5、6。

数据文件均为文本文件，按照在数据组织方式的要求，各文件内容如下：

已知点数据(ExampleADJ.yzd)：

1，4121088.500，359894.000

2，4127990.100，355874.600

观测点数据(ExampleADJ.fxz)：

1，2，0.0

1，4，72.10284，6691.30

2，3，0.0，5564.62

2，1，66.27289

4，1，0.00

4，3，88.58295，3926.41

4，6，212.10036，3478.0968

3，5，0.0，4451.4186

3，4，85.13374，3926.41

3，2，217.37126，

5，6，0.00，5669.266

5，3，79.09487

6，4，0.0

6，5，72.24564

执行函数 lannet_adjustment。

\>> [X，Y，V，d0] = plannet_adjustment(10，3，5);

X = 4128636.8188

　　4126064.2998

　　4131745.4300

　　4127015.6167

Y = 361401.5119

　　364367.7208

　　364587.7364

367713.1808

d0 = 1.26

图 9.3.2 是输出的控制网略图和误差椭圆。

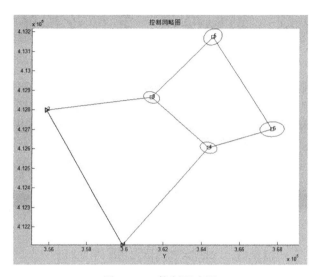

图 9.3.2 控制网略图

第10章 坐标换带、转换及程序设计

国家坐标系统是国民经济建设、重大工程建设的基石,而且在测绘科学技术的发展过程中,可能伴随有多个国家坐标系统存在,局部地区还有相应的区域坐标系统(如省一级的地方坐标系统),以及为工程建设服务的独立坐标系统。在各种坐标系统下诞生了大量的测绘成果,为了充分利用各个坐标系统下的成果,坐标换带、特别是坐标转换是测绘数据处理中的一项重要内容。本章主要介绍坐标换带、常用的坐标转换方法及相应的 MATLAB 程序设计。

10.1 坐标换带及程序设计

为了限制高斯投影长度变形,将椭球面按一定经度的子午线划分成不同的投影带;或者为了抵偿长度变形,选择某一经度的子午线作为测区的中央子午线。由于中央子午线的经度不同,使得椭球面上统一的大地坐标系变成了各自独立的平面直角坐标系,就需要将一个投影带的平面直角坐标系换算成另外一个投影带的平面直角坐标,称为坐标换带。

10.1.1 坐标换带方法

坐标换带的主要方法是高斯正反算。例如,将第一带(东带或西带)的平面坐标换算为第二带(西带或东带)的平面坐标,首先根据第一带的平面坐标 (x_1, y_1) 央子午线的经度 L_1 按高斯投影坐标反算公式求得该点的大地坐标 (B, L)。然后根据 B,L 和第二带的中央子午线经度 L_2 经高斯投影坐标正算公式求得在第二带中的平面坐标 (x_2, y_2)。由于在换带计算中,把椭球面上的大地坐标作为过渡坐标,因而称为间接换带法。这种方法理论上是严密的,精度高、通用性强,适用于6°带与6°带,3°带与3°带,6°带与3°带和任意带之间的坐标换带。

高斯正反算需要用到一些椭球参数和系数,其中第一偏心率和第二偏心率计算公式为

$$e = \frac{\sqrt{a^2 - b^2}}{a}, \quad e' = \frac{\sqrt{a^2 - b^2}}{b} \qquad (10.1.1)$$

式中，a 为椭球长半径，b 为椭球短半径，e 为椭球第一偏心率，e' 为椭球第二偏心率。

卯酉圈曲率半径和子午圈曲率半径分别为

$$N = \frac{a}{\sqrt{1 - e^2 \sin B^2}}, \quad M = \frac{a(1 - e^2)}{(1 - e^2 \sin^2 B)^{\frac{3}{2}}} \qquad (10.1.2)$$

式中，N 为经过纬度 B 的卯酉圈曲率半径，M 为子午圈曲率半径。

1. 高斯正算

将 B，L 换算成高斯平面坐标，中央子午线经度为 L_0。

$$\left. \begin{aligned} x =& X + \frac{N}{2}\sin B\cos B l^2 + \frac{N}{24}\sin B\cos^3 B(5 - t^2 + 9\eta^2 + 4\eta^4)l^4 \\ & + \frac{N}{720}\sin B\cos^5 B(61 - 58t^2 + t^4)l^6 \\ y =& N\cos B l + \frac{N}{6}\cos^3 B(1 - t^2 + \eta^2)l^3 \\ & + \frac{N}{120}\cos^5 B(5 - 18t^2 + t^4 + 14\eta^2 - 58t^2\eta^2)l^5 \end{aligned} \right\} \quad (10.1.3)$$

式中，X 为由赤道至纬度 B 的子午线弧长，$l = L - L_0$ 为计算点与中央子午线的经差，$t = \tan B$，$\eta = e'\cos B$。

子午线弧长 X 的计算公式为

$$X = C[\beta_0 B + (\beta_2 \cos B + \beta_4 \cos^3 B + \beta_6 \cos^5 B + \beta_8 \cos^7 B)\sin B] \quad (10.1.4)$$

式中，

$$\beta_0 = 1 - \frac{3}{4}e'^2 + \frac{45}{64}e'^4 - \frac{175}{256}e'^6 + \frac{11025}{16384}e'^8$$

$$\beta_2 = \beta_0 - 1$$

$$\beta_4 = \frac{15}{32}e'^4 - \frac{175}{384}e'^6 + \frac{3675}{8192}e'^8$$

$$\beta_6 = -\frac{35}{96}e'^6 + \frac{735}{2048}e'^8$$

$$\beta_8 = \frac{315}{1024}e'^8$$

$$C = \frac{a^2}{b}$$

2. 高斯反算

由高斯平面坐标(x, y)求大地坐标(B, L)，称为高斯反算。这里直接给出反算公式，具体的推导在大地测量有关书籍都有详细说明。

$$\left.\begin{aligned}
B &= B_f - \frac{t_f}{2M_f N_f}y^2 + \frac{t_f}{24M_f N_f^3}(5 + 3t_f^2 + \eta_f^2 - 9\eta_f^2 t_f^2)y^4 \\
&\quad - \frac{t_f}{720 M_f N_f^5}y(61 + 90t_f^2 + 45t_f^4)y^6 \\
l &= \frac{y}{N_f \cos B_f} - \frac{y^3}{6N_f^3 \cos B_f}(1 + 2t_f^2 + \eta_f^2) \\
&\quad + \frac{y^5}{120 N_f^5 \cos B_f}(5 + 28t_f^2 + 24t_f^4 + 6\eta_f^2 + 8\eta_f^2 t_f^2)
\end{aligned}\right\} \quad (10.1.5)$$

应用式(10.1.5)进行高斯反算时，首先由平面坐标x求得底点纬度B_f，上式中含有f的各项均是B_f的函数。

由高斯投影的条件可知，当$y = 0$时，$x = X$，显然有$B = B_f$。

应用下式按照迭代法可以由X求B：

$$B = \frac{X}{C\beta_0} - (\beta_2 \cos B + \beta_4 \cos^3 B + \beta_8 \cos^7 B)\sin B \quad (10.1.6)$$

在坐标换带中用到椭球参数，我国常用椭球几何参数列于表10.1.1中。

表10.1.1　　　　　常用椭球几何参数

椭球	长半轴(m)	短半轴(m)	扁率
WGS84	6378137.0	6356752.3142	1/298.257223563
IUGG75	6378140.0	6356755.2881	1/298.257
CGCS2000	6378137.0	6535752.3141	1/298.257222101
克拉索夫斯基	6378245.0	6356863.0187730473	1/298.3

10.1.2　坐标换带程序设计

坐标换带涉及高斯正算、高斯反算、子午线弧长计算主要函数，函数中的参数和关键变量在注释中都有说明。

1. 子午线弧长计算函数 get_X

function [X] = get_X(B, a, b, e2)
%get_X 是子午线弧长计算函数

%输入纬度 B(弧度)
%输入参数椭球长半轴 a, 短半轴 b, 第二偏心率 e2
%输出参数子午线弧长
e2 = e2^2;
b0 = 1-3. * e2. /4+45. * e2^2. /64-175. * e2^3. /256+11025. * e2^4. /16384;
b2 = b0-1;
b4 = 15. * e2^2. /32-175. * e2^3. /384+3675. * e2^4. /8192;
b6 = -35. * e2^3. /96+735. * e2^4. /2048;
b8 = 315. * e2^4. /1024;
c = a.^2. /b;
X = c. * (b0. * B+(b2. * cos(B)+b4. * cos(B).^3+b6. * cos(B).^5+b8. * cos(B).^7). * sin(B));
end

2. 高斯正算函数 BL2xy

function [x, y] = BL2xy(B, L, L0, n)
    %BL2xy 是将大地坐标换算为高斯坐标的函数
    %输入参量是大地坐标 B, L(角度: 如 30 度 45 分 45.5 秒, 输入形
        式: 45.45455)
    %中央子午线经度 L0
    %椭球编号 n, 克拉索夫斯基椭球: n=1; IUGG1975: n=2; WGS84
        椭球: n=3; CGCS200: n=4
    %输出参数高斯平面坐标的自然值 x, y(m)
    B = dms_rad(B);   %转换为弧度
    L = dms_rad(L);
    L0 = dms_rad(L0);
    ellipsoid = get_ellipsoid(n);   %得到椭球参数
    a = ellipsoid. a;
    b = ellipsoid. b;
    e = (sqrt(a^2-b^2))/a;
    e1 = (sqrt(a^2-b^2))/b;
    X = get_X(B, a, b, e1);   %计算子午线弧长
    V = sqrt(1+(e1.^2). * cos(B).^2);
    c = (a.^2)/b;
    M = c. /(V.^3);

```
N = c./V;
t = tan(B);
n = sqrt((e1.^2).*(cos(B)).^2);
l = L-L0;
xp1 = X;
xp2 = (N.*sin(B).*cos(B).*l.^2)./2;
xp3 = (N.*sin(B).*((cos(B)).^3).*(5-t.^2+9.*n.^2+4.*n.^4).*l.^4)./24;
xp4 = (N.*sin(B).*((cos(B)).^5).*(61-58.*t.^2+t.^4).*l.^6)./720;
x = xp1+xp2+xp3+xp4;
yp1 = N.*cos(B).*l;
yp2 = N.*(cos(B)).^3.*(1-t.^2+n.^2).*l.^3./6;
yp3 = N.*(cos(B)).^5.*(5-18.*t.^2+t.^4+14.*n.^2-58.*(n.^2).*(t.^2)).*l.^5./120;
y = yp1+yp2+yp3;
end
```

【例 10.1.1】 输入某点 A 和 B 的大地坐标向量和中央子午线经度 L_0，将其转换成平面坐标。椭球为 WGS84。

A 点坐标：37.391576156，111.565485863

B 点坐标：37.390654144，111.564671923

中央子午线：111

执行如下命令：

```
>> B = [37.391576156, 37.390654144];
>> L = [111.565485863, 111.564671923];
>> L0 = 111;
>> [x, y] = BL2xy(B, L, L0, n)
x =  4169559.6627      4169273.3759
y =    83705.8766        83509.2253
```

3. 高斯反算 xy2BL

高斯反算应用了迭代法进行计算，在迭代过程中用到了辅助函数，代码如下：

```
function [F1, F2] = getF1F2(a, e2, Bi, Li)
%反算辅助函数
```

```
c = a. * sqrt(1+e2);
t = tan(Bi);
ng = sqrt(e2. * cos(Bi).^2);
V = sqrt(1+ng.^2);
N = c./V;
a1 = N. * cos(Bi);
a2 = 0.5. * N. * cos(Bi). * sin(Bi);
a3 = N. * cos(Bi).^3. * (1-t.^2+ng.^2)./6;
a4 = N. * sin(Bi). * cos(Bi).^3. * (5-t.^2+9. * ng.^2+4. * ng.^4)./24;
a6 = N. * sin(Bi). * cos(Bi).^5. * (61-58. * t.^2+t.^4)./720;
b0 = 1-0.75. * e2 + (45.0/ 64). * e2.^2 - (175.0 / 256). * e2^3 +
    (11025.0 / 16384). * e2.^4.0;
        b2 = b0-1;
b4 = 15. * e2^2./32-175. * e2^3./384+3675. * e2^4./8192;
b6 = -35. * e2^3./96+735. * e2^4./2048;
b8 = 315. * e2^4./1024;
F1 = (c. * b2 + (c. * b4 + (c. * b6 + c. * b8. * cos(Bi).^2). * cos
    (Bi).^2). * cos(Bi).^2.0). * sin(Bi). * cos(Bi);
F2 = a2. * Li. * Li + a4. * Li.^4.0 + a6. * Li.^6.0;
end
function [F3] = getF3(a, e2, Bi, Li)
c = a. * sqrt(1+e2);
t = tan(Bi);
ng = sqrt(e2. * cos(Bi).^2);
V = sqrt(1+ng.^2);
N = c./V;
a3 = N. * cos(Bi).^3. * (1-t.^2+ng.^2)./6;
a5 = N. * cos(Bi).^5. * (5-18. * t.^2+t.^4+14. * ng.^2-58. * t.^2. * ng.^
    2)./120;
F3 = a3. * Li.^3+a5. * Li.^5;
end


function [B, L] = xy2BL(X, Y, L0, n)
%xy2BL 高斯反算
```

%XY 高斯平面坐标(m)
%L_0 中央子午线，如 111(度)
%n 椭球编号，参见函数 get_ellipsoid
%B，L 返回的经纬度(角度)

```
    L0 = dms_rad(L0);              %转换为弧度
    ellipsoid = get_ellipsoid(n);  %得到椭球参数
    a = ellipsoid. a;
    b = ellipsoid. b;
    e1 = (sqrt(a^2-b^2))/a;        %第一偏心率
    e2 = (sqrt(a^2-b^2))/b;        %第二偏心率
    e1 = e1.^2;
    e2 = e2.^2;
    c = a. * sqrt(1+e2);
    b = 1-0.75 . * e2 + (45.0 / 64) . * e2^2-(175.0 / 256) . * e2^3.0 + (11025.0 / 16384) . * e2^4.0;
    B0 = X / (c * b);
    kq = 1-e1 . * sin(B0).^2.0;
    a1 = a . * cos(B0) ./ sqrt(kq);
    l0 = Y ./ a1;
    an = length(X);
    dd = 0.00000000001;            %设定的微小量
    dx = dd. * ones(1, an);
    Bi = B0;
    li = l0;
    while(1)                       %开始迭代
        [f1, f2] = getF1F2(a, e2, Bi, li);
        Bi = (X-f1-f2) ./ (c. * b);
        kq = (1-e1 . * sin(Bi).^2.0);
        a1 = a . * cos(Bi) ./ sqrt(kq);
        f3 = getF3(a, e2, Bi, l0);
        li = (Y-f3)./ a1;
        dB = B0-Bi;
        dL = l0-li;
        dB = abs(dB);
```

```
        dL = abs(dL);
        l0 = li;
        B0 = Bi;
        ai = dB<dx;
        bi = dL<dx;
        aii = sum(ai);
        bii = sum(bi);
        if(aii = = an | | bii = = an)        %迭代结束
           break;
        end
    end
      L= L0 + li;
      B= Bi;
      L=rad_mds(L);                %转换为角度
      B=rad_mds(B);
end
```

【例 10.1.2】 将 A 和 B 的平面坐标反算成大地坐标。
A: $x=4169559.6627$; $y=83705.8766$;
B: $x=4169273.3758$; $y=83509.2253$;
中央子午线: 111 度;
椭球: WGS84。
输入以下命令,执行结果:
>> x=[4169559.6627, 4169273.3758];
>> y=[83705.8766, 83509.2253];
>> [B, L]=xy2BL(x, y, 111, 3)
B = 37.3915761559   37.390654143
L = 111.565485863   111.564671923
执行结果与坐标正算的数据一致。

4. 坐标换带

由坐标换带的方法可知,将高斯坐标正算与高斯坐标反算结合可实现坐标换带。换带过程中,先进行高斯坐标正算得到 B, L;然后将正算结果经高斯坐标反算后换算到另一个带下的平面坐标。

程度代码如下:
function [x, y]=xy2xy(x, y, l1, l2, n)

```
%坐标换带 xy2xy
%输入参量 x, y 是换带前的坐标
%l1 换带前的中央子午线经度
%l2 换带后的中央子午线经度
%n 椭球编号
%输出参数 x, y 是换带后的坐标
[B, L]=xy2BL(x, y, l1, n);
[x, y]=BL2xy(B, L, l2, n);
end
```

【例 10.1.3】 坐标换带，将 A 和 B 的坐标从中央子午线（111 度）换算到 114 度，椭球为 WGS84。

A：$x=4169559.6627$；$y=83705.8766$；

B：$x=4169273.3758$；$y=83509.2253$。

执行如下命令：

```
>> x=[4169559.6627, 4169273.3758];
>> y=[83705.8766, 83509.2253];
>> l1=111;
>> l2=114;
>> [x, y]=xy2xy(x, y, l1, l2, 3);
x =  4171116.6780    4170836.7389
y = -181034.2362    -181240.0096
```

10.2 坐标转换及程序设计

坐标转换，其任务是把一个坐标系的坐标通过某种转换模型，转换到另一种坐标系下的坐标。转换模型特征参数的确定过程叫做模型求解，转换参数的确定是坐标转换过程中核心。

目前，有多种坐标转换模型，无论是复杂还是简单的，每种模型都有其自己的适用性。通常使用的模型主要有著名的布尔莎、莫洛金斯模型；适用于二维空间下的模型主要有平面相似四参数、仿射变换和多项式拟合等模型。具体应用哪种模型，取决工程实践。

无论是哪一种模型，都需要利用两个不同坐标系下的同名点求解模型参数，这是坐标转换的必要条件。

大地坐标系分为地心坐标系和参数坐标系，地心坐标系和参心坐标系相应的椭球基准不同，即使是同一椭球，同一坐标也有不同的坐标形式，如大地坐标和空间直角坐标。各个坐标系之间的转换关系如图 10.2.1 所示。

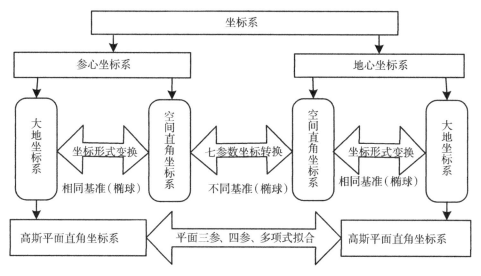

图 10.2.1 坐标转换关系

10.2.1 七参数坐标转换模型

三维空间之间的坐标转换主要是七参数模型，七参数模型的坐标形式要求是空间直角坐标，有时仅有同名点的大地坐标，需要将大地坐标变换到空间直角坐标的形式。

1. 大地坐标与空间直角坐标的相互变换

$$\begin{bmatrix} X \\ Y \\ Z \end{bmatrix} = \begin{bmatrix} (N+H)\cos B\cos L \\ (N+H)\cos B\sin L \\ (N(1-e2)+H)\sin B \end{bmatrix} \quad (10.2.1)$$

式(10.2.1)是由大地坐标变换为空间直角坐标的直接解式。X，Y，Z 为空间直角坐标；B，L，H 为大地经纬坐标。N 为经过纬度 B 的卯酉圈曲率半径，e 为椭球的第一偏心率。

$$\begin{bmatrix} B \\ L \\ H \end{bmatrix} = \begin{bmatrix} \mathrm{acrtan}\left\{ \dfrac{Z(N+H)}{\sqrt{X^2+Y^2}\,[N(1-e^2)+H]} \right\} \\ \mathrm{acrtan}\left(\dfrac{Y}{X} \right) \\ \dfrac{\sqrt{X^2+Y^2}}{\cos B} - N \end{bmatrix} \quad (10.2.2)$$

193

式(10.2.2)是空间直角坐标变换为大地坐标的公式,两端均含有 B,故可用迭代解法,迭代的初值 B_0 为

$$\tan B_0 = \frac{Z}{\sqrt{X^2 + Y^2}} \qquad (10.2.3)$$

由求得的初值 B_0,进而计算 N_0 和 $\sin B_0$,再代入式(10.2.2)中第一式计算 B_1,反复迭代,直到第 k 次迭代后 $|B_{k+1} - B_k| < \varepsilon = 0.00001''$,然后由最终的 B 按式(10.2.2)中第三式计算 H。

2. 七参数转换模型

在图 10.2.2 中,(X_i', Y_i', Z_i') 为原坐标系下的坐标,将其转换到新的坐标系下的坐标 (X_i, Y_i, Z_i),用到 3 个平移参数 $(\Delta X, \Delta Y, \Delta Z)$,3 个微小的旋转参数 $(\varepsilon_x, \varepsilon_y, \varepsilon_z)$,1 个尺度参数 k。两个坐标系的转换模型为

$$\begin{bmatrix} X_i \\ Y_i \\ Z_i \end{bmatrix}_{\text{new}} = \begin{bmatrix} \Delta X \\ \Delta Y \\ \Delta Z \end{bmatrix} + (1+k) \begin{bmatrix} 1 & \varepsilon_z & -\varepsilon_y \\ -\varepsilon_z & 1 & \varepsilon_x \\ \varepsilon_y & -\varepsilon_x & 1 \end{bmatrix} \begin{bmatrix} X_i' \\ Y_i' \\ Z_i' \end{bmatrix}_{\text{old}} \qquad (10.2.4)$$

为了便于求解,将上述模型进一步写成

$$\begin{bmatrix} X_i - X_i' \\ Y_i - Y_i' \\ Z_i - Z_i' \end{bmatrix} = \begin{bmatrix} 1 & 0 & 0 & 0 & -Z_i' & Y_i' & X_i' \\ 0 & 1 & 0 & Z_i' & 0 & -X_i' & Y_i' \\ 0 & 0 & 1 & -Y_i' & X_i' & 0 & Z_i' \end{bmatrix} \cdot \begin{bmatrix} \Delta X \\ \Delta Y \\ \Delta Z \\ \varepsilon_x \\ \varepsilon_y \\ \varepsilon_z \\ k \end{bmatrix} = A_i \beta$$

(10.2.5)

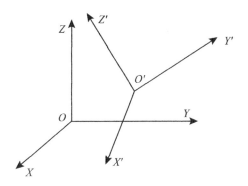

图 10.2.2

式中，A_i表示系数矩阵，下标i表示第i个重合点。为了求定7个转换参数β，至少需要具有在两个三维坐标系中均为已知精确坐标的三个以上的非共线的重合点，式(10.2.5)可作为对参数作最小二乘估计的观测方程。

10.2.2 七参数转换程序设计

1. 大地坐标换算成空间直角坐标

function [X, Y, Z]=BLH2XYZ(B, L, H, n)
%BLH2XYZ 函数完成大地坐标换算成空间直角坐标
%输入参数BLH是经纬度和大地高，n为椭球编号
%输出参数为空间直角坐标(m)
  B=dms_rad(B);
  L=dms_rad(L);
  ellipsoid=get_ellipsoid(3); %得到椭球参数
  a=ellipsoid.a;
  b=ellipsoid.b;
  e=(sqrt(a^2-b^2))/a;
  e1=(sqrt(a^2-b^2))/b;
  V=sqrt(1+(e1.^2).*cos(B).^2);
  c=(a.^2)/b;
  N=c./V;
  X=(N+H).*cos(B).*cos(L);
  Y=(N+H).*cos(B).*sin(L);
  Z=(N.*(1-e.^2)+H).*sin(B);
end

2. 空间直角坐标换算成大地坐标

function [B, L, H]=XYZ2BLH(X, Y, Z, n)
%XYZ2BLH 函数完成空间直角坐标换算到大地坐标
%输入参数为空间直角坐标和椭球编号n
%输出参数为换算后的大地坐标BLH
  dd = 4.8*10^-10.0; %循环结束的微小量
  ellipsoid=get_ellipsoid(n); %得到椭球参数
  a=ellipsoid.a;
  b=ellipsoid.b;
  e1=(sqrt(a^2-b^2))/a;

```
        ee = e1.^2;
        aa  = a;
        L = atan( Y ./ X );
        B0 = Z ./sqrt( X . * X + Y . * Y );
        B0 = atan( B0 );
        Bi = B0;
        while( 1 )
            N0 = aa ./ sqrt (1-ee . * sin( Bi ).^2.0 );
            tanB = ( Z + N0 . * ee . * sin( Bi ) ) ./sqrt( X . * X + Y . * Y );
            Bi = atan( tanB );
            dB = Bi-B0;
            dB = abs( dB );
            B0 = Bi;
            if( dB<dd )
                break;
            end
        end
        N = N0;
        B = B0;
        if ( L < 0 )
            L = L + pi;
        end
        H = Z ./ sin( B )-N . * (1-ee );
        B = rad_mds( B );
        L = rad_mds( L );
end
```

【例 10.2.1】 执行如下命令调用 BLH2XYZ 完成坐标换算:
>> B=[37.391576156, 37.390654144];
>> L=[111.565485863, 111.564671923];
>> H=[1179.4676, 1100.9645];
>>[X, Y, Z]= BLH2XYZ(B, L, H, 3);
X = -1890134.92197902   -1889991.51643207
Y = 4690364.85187079   4690542.88038575
Z = 3875864.04167762   3875590.98901844

【例 10.2.2】 将例 10.2.1 中的空间直角坐标调用 XYZ2BLH 换算成大地坐标,执行如下命令:
>> X=[-1890134.92197902, -1889991.51643207];
>> Y=[4690364.85187079, 4690542.88038575];
>> Z=[3875864.04167762, 3875590.98901844];
>> [B, L, H]=XYZ2BLH(X, Y, Z, 3)
B = 37.3915761559791   37.390654143979
L = 111.565485863   111.564671923
H = 1179.4676   1100.9645

3. 三维坐标转换

```
function [dx]=bursa7(A, B)
%bursa7 函数完成布莎尔 7 参数计算
%输入参数 A 和 B 代表 A 和 B 两个坐标系统下的重合点坐标
%输出参数 dx 是由 A 转换到 B 的转换 7 个转换参数,排列顺序为 3 个平移,3 个转换角(弧度),1 个尺度
    Xa=A(:, 1);          %获得 A 坐标的 X 分量
    Ya=A(:, 2);          %获得 A 坐标的 Y 分量
    Za=A(:, 3);          %获得 A 坐标的 Z 分量
    Xb=B(:, 1);
    Yb=B(:, 2);
    Zb=B(:, 3);
    L=[Xb-Xa; Yb-Ya; Zb-Za];    %常数项
    m=length(A);                 %重合点个数
    if(m<3)
        return;
    end
    C=[ones(m,1), zeros(m,1), zeros(m,1), zeros(m,1), -Za, Ya, Xa;
       zeros(m,1), ones(m,1), zeros(m,1), Za, zeros(m,1), -Xa, Ya;
       zeros(m,1), zeros(m,1), ones(m,1), -Ya, Xa, zeros(m,1), Za];
%系数阵
    N=C'*C;
    W=C'*L;
    dx=N\W;%最小二乘求角参数
```

end

【例 10.2.3】 用 bursa7 函数计算由 A 到 B 转换七参数,重合点坐标如下:

$A = \begin{bmatrix} -1862496.743 & 4560938.417 & 4039628.673 \\ -1886207.334 & 4551371.477 & 4039052.369 \\ -1867656.750 & 4563371.248 & 4034511.105 \\ -1882145.928 & 4556736.732 & 4034970.483 \end{bmatrix}$

$B = \begin{bmatrix} -1862499.155 & 4561066.228 & 4039683.559 \\ -1886209.393 & 4551499.115 & 4039107.051 \\ -1867659.072 & 4563498.964 & 4034565.967 \\ -1882148.152 & 4556864.439 & 4035025.316 \end{bmatrix}$

\>\> [dx] = bursa7(A, B)

dx = 41.5948357708046
　　207.327830540357
　　73.5371055508302
　　-5.46718013790569e-006
　　4.37831960085189e-006
　　-9.35201651316468e-006
　　-8.77712710819071e-006

10.2.3 四参数坐标转换模型

七参数坐标转换模型适用于三维空间直角坐标下的转换,而四参数相似转换模型则适用于两个平面坐标系下的坐标转换。

下式是平面相似四参数转换模型:

$$\begin{bmatrix} x_B \\ y_B \end{bmatrix} = \begin{bmatrix} d_x \\ d_y \end{bmatrix} + m \begin{bmatrix} \cos\alpha & -\sin\alpha \\ \sin\alpha & \cos\alpha \end{bmatrix} \begin{bmatrix} x_A \\ y_A \end{bmatrix} \qquad (10.2.6)$$

式中, d_x, d_y 为平移参数; α 为旋转参数; m 为尺度参数; x_B, y_B 为目标坐标系下的平面直角坐标; x_A, y_A 为原坐标系下平面直角坐标。

为了求解四个参数,至少需要两个重合点,将式(10.2.6)写观测方程的形式:

$$\begin{bmatrix} x_B \\ y_B \end{bmatrix} = \begin{bmatrix} 1 & 0 & x_A & -y_A \\ 0 & 1 & y_A & x_A \end{bmatrix} \begin{bmatrix} d_x \\ d_y \\ u \\ w \end{bmatrix} \qquad (10.2.7)$$

式中，$u = m\cos\alpha$，$w = m\sin\alpha$。

经最小二乘求得四个参数 d_x，d_y，u，w，再由下式求转换角 α，进一步求解出尺度参数 m：

$$\tan\alpha = \frac{w}{u} \tag{10.2.8}$$

10.2.4 四参数转换程序设计

function [dx] = similar4(A, B)

%similar4 函数实现平面相似四参数求角

%输入参数 A 和 B 是同名点坐标

%输出参数 dx 是四参数，顺序是 2 个平移参数，1 个旋转角参数（弧度），1 个尺度比

```
    Xa = A(:, 1);              %获得 A 坐标的 X 分量
    Ya = A(:, 2);              %获得 A 坐标的 Y 分量
    Xb = B(:, 1);
    Yb = B(:, 2);
    L = [Xb; Yb];              %常数项
    m = length(A);             %重合点个数
    if(m<2)
        return;
    end
    C = [ones(m, 1), zeros(m, 1), Xa, -Ya;
       zeros(m, 1), ones(m, 1), Ya, Xa];      %系数阵
    N = C' * C;
    W = C' * L;
    D = N \ W;                 %最小二乘求参数
    a = atan(D(4)/D(3));       %转换角弧度
    m = D(4)/sin(a);           %尺度比
    dx = [D(1); D(2); a; m];
end
```

【例 10.2.4】 调用 similar4 函数求解两个坐标系下的转换参数,重合点数据如下:

$A = [\,4336307.02 \quad 489511.42$
$\quad\quad 4381997.37 \quad 485729.13$
$\quad\quad 4378474.23 \quad 475286.07$
$\quad\quad 4338791.35 \quad 482180.56\,]$;

$B = [\,4337158.025 \quad 619091.611$
$\quad\quad 4382787.446 \quad 614550.211$
$\quad\quad 4379090.158 \quad 604165.762$
$\quad\quad 4339521.071 \quad 611719.307\,]$;

执行如下程序:
\>\> [dx] = similar4(A, B)
dx = -7408.9946
　　　201586.4644
　　　-3425.3955
　　　1.000167893

第 11 章 空间插值及程序设计

11.1 空间插值概述

空间插值常用于将离散点的测量数据转换为连续的数据曲面，以便与其他空间现象的分布模式进行比较，它包括了空间内插和外推两种算法。

空间内插算法：通过已知点的数据推求同一区域未知点数据。

空间外推算法：通过已知区域的数据，推求其他区域数据。

空间插值主要有三方面的意义：

(1) 缺值估计：如何在没有测点的地区得到我们需要的数据，或者由于自然或人为的原因，缺少某天或某个时间段的数据。

(2) 内插等值线：形象直观地显示空间数据分布平面等值线图。

(3) 数据格网化：以不规则点图元组织的 Z 变量的数据，并不适于图形显示，也不适于进行分析。多数空间分析要求将 Z 值转换成一个规则间距空间格网，或者转换成不规则三角形网。规则格网数据能更好地显示空间数据连续分布。

11.1.1 空间插值的分类

根据所用插值点的范围，空间插值可分为整体插值和局部插值。整体插值是用研究区所有采样点数据进行全区特征拟合。整个区域的数据都会影响单个插值点，单个数据点变量值的增加、减少或者删除，都会对整个区域有影响。典型例子是全局趋势面分析。

局部内插法只使用邻近的数据点来估计未知点的值，定义一个邻域或搜索范围，落在此邻域范围的样本点参与未知点的插值，如局部多项式插值。

整体插值方法将小尺度的、局部的变化看做随机和非结构性噪声，从而丢失了这一部分信息。局部插值方法恰好能弥补整体插值方法的缺陷。整体插值方法通常不直接用于空间插值，而是用来检测总趋势和不同于总趋势的最大偏离部分，即剩余部分，在去除了宏观趋势后，可用剩余残差来进行局部插值。

根据插值曲面是否通过所有实测样本点，空间插值可分为精确性插值和非精确插值。确定性插值法是使用数学函数进行插值，以研究区域内部的相似性（如反距离加权插值法），或者以平滑度为基础（如径向基函数插值法），由已知样点来创建预测表面的插值方法，在精确插值中，插值点落在观测点上，内插值等于估计值。空间插值的分类如图11.1.1所示。

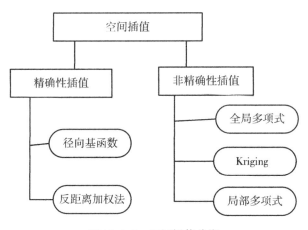

图11.1.1　空间插值分类

即使是相同的数据，选择不同的插值方法，插值结果差异也很明显，因此，选择合理可行的插值方法尤为关键。选择插值方法的基本步骤如下：

（1）实测样本可视化表达，如用散点图，二维或三维分布图等可视化方法；

（2）空间数据的探索性分析，包括对数据的均值、方差、协方差、独立性和变异函数的估计等；

（3）根据初步分析结果，选择模型，设置参数进行内插；

（4）内插结果评价；

（5）重新选择内插方法，直到合理；

（6）内插生成最后结果。

如图11.1.2所示是空间插值的流程。

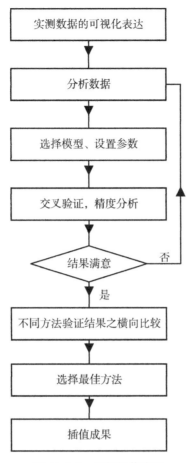

图 11.1.2 空间插值流程

11.1.2 插值方法选择的原则

即使针对相同的问题、相同的数据,选择不同的插值方法,结果和效率会有所差异。选择插值方法需要遵循如下原则:

(1)精确性:插值结果要保证足够的精度,插值结果与实际相差太大,就失去了插值的意义。

(2)参数的敏感性:许多的插值方法都涉及一个或多个参数,如距离反比法中距离的阶数等。有些方法对参数的选择相当敏感,而有些方法则对变量值敏感。后者对不同的数据集会有截然不同的插值结果。希望找到对参数的波动相对稳定,其值不过多地依赖变量值的插值方法。

(3)耗时:一般情况下,计算时间不是很重要,除非特别费时。

(4)存储要求:同耗时一样,存储要求也不是决定性的。特别是在计算机的主频日益提高、内存和硬盘越来越大的情况下,二者都不需特别看重。

(5)可视化、可操作性(插值软件选择):三维的透视图等。

插值结果的好坏取决于多种因素,对插值效果进行验证,是空间插值的一项重要内容,验证方法主要有交叉验证和"实际"验证。

(1)交叉验证(cross-validation)。首先假定每一测点的要素值未知,而采用周围样点的值来估算,然后计算所有样点实际观测值与内插值的误差,以此来评判插值方法的优劣。

(2)"实际"验证。将部分已知变量值的样本点作为"训练数据集",用于插值计算;另一部分样点作为"验证数据集",该部分站点不参加插值计算。然后利用"训练数据集"样点进行内插,插值结果与"训练数据集"验证样点的观测值对比,比较插值的效果。

11.2 常用空间插值方法

11.2.1 最近邻法

1. 原理方法

最近邻点法又叫泰森多边形方法。该方法采用一种极端的边界内插方法,只用最近的单个点进行区域插值(区域赋值)。

泰森多边形按照数据点位置将区域分割成子区域,每个子区域包含一个数据点,各子区域到其内数据点的距离小于任何到其他数据点的距离,并用其内数据点进行赋值。

图 11.2.1 中的小黑点为离散数据点,各个小区域为泰森多边形。

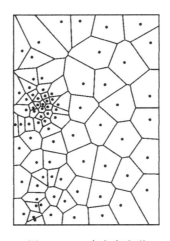

图 11.2.1 泰森多边形

其数学表达式为
$$v_e = v_i \tag{11.2.1}$$
式中，v_e 表示待估点变量值，v_i 表示 i 点的测量值。i 点必须满足如下条件：
$$d_{ei} = \min(d_{e1}, d_{e2}, \cdots, d_{en}) \tag{11.2.2}$$
其中，
$$d_{ij} = \sqrt{(x_i - x_j)^2 + (y_i - y_j)^2}$$
式中，d_{ij} 表示 i 点与 j 点之间的距离。

2. MATLAB 命令

x 和 y 表示实测的坐标，分别生成对应向量，执行 voronoi 命令，结果如图 11.2.2 所示。

x = [42, 28, 32, 58, 69, 86, 22, 51, 43, 24, 75, 79, 39, 32, 48, 28, 16, 40, 29, 25];

y = [84, 23, 43, 37, 69, 94, 22, 75, 52, 75, 87, 24, 93, 4, 56, 88, 17, 43, 33, 57];

z = [23, 45, 43, 37, 69, 67, 22, 12, 52, 78, 55, 24, 69, 14, 56, 54, 17, 43, 21, 44];

\>> voronoi(x, y);

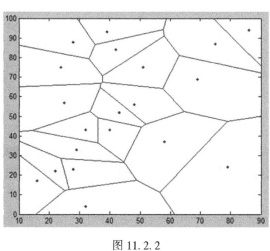

图 11.2.2

11.2.2 算术平均值

算术平均值方法以区域内所有测量值的平均值来估计插值点的变量值。其

数学表达式为

$$v_e = \frac{1}{n} \sum_{i \in \Omega} v_i \quad (11.2.3)$$

式中，v_e 表示待估点变量值；v_i 表示 i 点的测量值；Ω 表示给定的区域；n 是给定区域内的点数。

MATLAB 求算术平均值的函数为 mean。

11.2.3 距离反比插值

1. 原理方法

反距离加权插值法（Inverse Distance Weighted，IDW）是基于相近相似的原理，即两个物体离得近，它们的性质就越相似；反之，离得越远，则相似性越小。这种方法以插值点与样本点间的距离为权重进行加权平均，离插值点越近的样本点，权重越大。

反距离加权插值法的一般公式如下：

$$v_e = \sum_{i=1}^{N} \lambda_i v_i \quad (11.2.4)$$

式中，v_i 表示 i 点的测量值；v_e 表示待估点变量值；N 为预测计算过程中要使用的预测点周围样点的数量；λ_i 为预测计算过程中使用的各样点的权重，该值随着样点与预测点之间距离的增加而减少。

权重系数 λ_i 的计算是关键问题，不同类型距离反比法的差别就是权重系数的计算公式不同，因而最后的插值结果也有细微的差别。

确定权重的计算公式为

$$\lambda_i = \frac{d_{ie}^{-P}}{\sum\limits_{i=1}^{N} d_{ie}^{-P}}, \quad \sum_{i=1}^{N} \lambda_i = 1 \quad (11.2.5)$$

式中，P 为指数值，当 P 取值为 1 或 2 时，对应的是距离倒数插值和距离倒数平方插值；d_{ie} 是预测点 e 与各已知样点 i 之间的距离。

样点在预测点值的计算过程中所占权重的大小受参数 P 的影响，也就是说，随着采样点与预测点之间距离的增加，标准样点对预测点影响的权重按指数规律减少。在预测过程中，各样点值对预测点值作用的权重大小是成比例的，这些权重值的总和为 1。

利用该方法进行插值时，样点分布应尽可能均匀，且布满整个插值区域。对于不规则分布的样点，插值时利用的样点往往也不均匀地分布在周围的不同方向上，在实际应用中，为了确定哪些样点参与插值，需要控制反距离加权的参数，即给定一个搜索半径，搜索半径的确定通常有两种情况：

1) 搜索半径固定

对固定型半径，搜索距离一定，所有在该半径内的样点参与计算。可预先设定一个阈值，当给定半径内搜索到的点小于该值时，可扩大搜索半径，直到达到该阈值为止。

2) 搜索半径可变

设定参与计算的样点数是固定的，则搜索的半径是可变的。这样，对每个插值点的搜索半径可能都不同，因为要达到规定的点数所需要搜索的区域是不一样的。

反距离加权插值法的优点是简便易行；可为变量值变化很大的数据集提供一个合理的插值结果；不会出现无意义的插值结果而无法解释。其不足之处是对权重函数的选择十分敏感；易受数据点集群的影响，结果常出现一种孤立点数据明显高于周围数据点的"鸭蛋"分布模式；全局最大和最小变量值都散布于数据之中，内插得到的插值点数据在样点数据取值范围内。

2. 程序设计

```
function [Z]=IDW(x, y, z, X, Y)
%IDW 反距离加权插值法
%x, y, z, X, Y 是二维矢量或矩阵
[m0, n0]=size(x);
[m1, n1]=size(Y);
for i=1: m1
    for j=1: n1
        a=m0*n1*(i-1)+m0*(j-1)+1;
        b=m0*n1*(i-1)+m0*(j);
        Dis(a: b,:)=sqrt((X(i, j)-x).^2+(Y(i, j)-y).^2);
%生成距离矩阵 Dis(m0*m1*n1, n0)
    end
end
%定义插值函数
p=-2;      %定义权重指数
for i=1: m1
    for j=1: n1
        a=m0*n1*(i-1)+m0*(j-1)+1;
        b=m0*n1*(i-1)+m0*(j);
        if find(Dis(a: b,:)= =0)
```

```
            [m2,n2]=find(Dis(a:b,:)==0);
            Z(i,j)=z(m2,n2);
        else
            SZ=sum(z./Dis(a:b,:).^p);
            SD=sum(1./Dis(a:b,:).^p);
            Z(i,j)=SZ/SD;
        end
    end
end
```

【例 11.2.1】 某地区的沉降观测数据列于表 11.2.1 中,试用 IDW 函数进行距离反比插值。

表 11.2.1 沉 降 数 据

x(m)	y(m)	沉降量(dm)	x(m)	y(m)	沉降量(dm)
7927.99	6312.90	−2.2	411.64	34867.98	−5.1
19547.74	71343.46	−9.4	414.83	58403.29	1
−9890.30	80510.22	−5	−31194.11	66521.84	−14.8
35144.07	93412.65	−1.7	−24076.68	85219.95	−2.5
−20870.33	113225.61	−5.3	22062.93	100784.72	19.6
−7364.96	122077.60	6.6	13154.92	97859.35	−16.9
11549.56	153043.37	−4.9	6040.73	87442.32	8.9
27898.89	135561.91	−9.4	25280.40	121817.77	−14.3
7832.54	178193.39	3.4	1546.26	133819.99	−8.3
−6885.20	185741.76	1	20919.26	145840.44	2.1
−31012.40	207263.49	11.8	17318.67	162934.26	−5.8
−48725.59	171037.24	−5.1	−14705.79	94951.41	11.8
−46618.04	225082.51	38.5	−17666.43	146084.03	−2.6
−26482.17	131851.20	4.1	−20997.78	165308.57	0.7
−68001.68	54242.33	−5.8	−1970.44	168415.07	−2.7
−77295.08	73546.93	−15	−13057.48	178602.13	15.8

续表

x(m)	y(m)	沉降量(dm)	x(m)	y(m)	沉降量(dm)
−69429.88	73725.24	−7.9	−49601.52	150452.39	2.4
−57970.06	80712.23	−4.6	−35897.43	176335.05	−3.1
−58986.05	121859.81	10.3	−45760.03	196018.30	−7
−88323.66	136267.39	−1.2	−39727.28	220111.82	−3.8
−143070.88	136219.86	−7	−58431.97	215070.29	−7.6
−158659.59	103031.52	−25.3	41325.36	108122.13	7.4
−160987.33	120568.86	−33.1	51505.02	134381.52	17.3
−126188.92	162531.74	−8.4	−36487.75	42226.92	−12
−41391.76	108647.19	−9.7	−57129.54	63562.93	−23.5
−63511.13	94432.83	−33.7	−66943.81	57335.89	−16.2
−73981.40	102826.49	−10.2	−70838.13	65793.74	−27.1
−82004.79	83487.89	−5.4	−62578.88	37446.61	32.6
−68113.12	46209.88	−13.7	−66954.11	46261.45	−22.4
−81324.46	55711.59	−28.9	−72403.42	36381.07	−25.8
−94865.69	98434.73	−8.5	−87473.75	53555.05	−27.6
−29659.92	148706.87	0.1	−72668.94	110844.21	−14
−43843.38	54038.00	−11.8	−69164.67	144438.56	−6.2
−60503.98	211915.85	1	−89630.40	121807.17	−14
−11564.22	40691.22	0.5	−96563.91	150776.05	−21
−80873.77	60986.27	−29.7	−97029.17	163782.08	−8.7
−128969.68	153829.30	−6.6	−118109.72	138311.87	−40.7
−169187.82	103325.21	−17.5	−134376.91	135568.05	2
−39574.71	80879.86	−14.9	−148428.55	123624.94	−35.5
−53777.88	110036.64	−5.7	−75212.72	92906.53	−24.6
−81049.15	89811.92	−25.1	−7642.41	19949.10	−6.1

将观测数据建立内存变量 xyz，然后执行如下命令，结果如图 11.2.3 所示：

```
>> x=xyz(:, 1);
>> y=xyz(:, 2);
>> z=xyz(:, 3);
>> xi=min(x):2000:max(x);
>> yi=min(y):2000:max(y);
>> [X, Y]=meshgrid(xi, yi);
>> Z=IDW(x, y, z, X, Y);
>> contour(Z, 15);
```

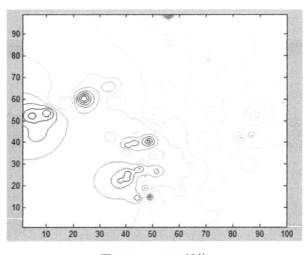

图 11.2.3　IDW 插值

11.2.4　全局多项式插值

1. 原理方法

全局性插值方法以整个研究区的样点数据集为基础，用一个多项式来计算预测值，即用一个平面或曲面进行全区特征拟合。全局多项式插值所得的表面很少能与实际的已知样点完全重合，所以全局插值法是非精确的插值法。利用全局性插值法生成的表面容易受极高和极低样点值的影响，尤其在研究区边沿地带，因此，用于模拟的有关属性在研究区域内最好是变化平缓的。全局多项式插值法适用的情况：一是，当一个研究区域的表面变化缓慢，即这个表面上的样点值由一个区域向另一个区域的变化平缓时，可以采用全局多项式插值法,利用该研究区域内的样点对该研究区进行表面插值;二是,检验长期变化的、全局性趋势的影响时,一般采用全局多项式插值法,在这种情况下应用的方法通常被称为趋势面分析。趋势面分析的一个基本要求就是,所选择的趋势面模型应该是剩余值最小,而趋势值最大,这样拟合度精确度才能达到足够的准确性。

趋势面分析是通过回归分析原理,运用最小二乘法拟合一个二维非线性函数,模拟地理要素在空间上的分布规律,展示地理要素在地域空间上的变化趋势。

在数学上,拟合数学曲面要注意两个问题:数学曲面类型(数学表达式)的确定和拟合精度的确定。

1)趋势面模型的建立

设某地理要素的实际观测数据为 $Z_i(x_i, y_i)$ $(i=1, 2, \cdots, n)$,趋势值拟合值为 $\hat{Z}_i(x_i, y_i)$,则有

$$\hat{Z}_i(x_i, y_i) = Z_i(x_i, y_i) + \varepsilon_i \tag{11.2.6}$$

式中,ε_i 为残差值。

2)趋势面模型的参数估计

趋势面分析的核心就是从实际观测值出发推算趋势面,一般采用回归分析方法,使得残差平方和最小从而估计趋势面参数。

假设二维空间中有 n 个观测点 (x_i, y_i) $(i=1, 2, \cdots, n)$,观测值为 z_i $(i=1, 2, \cdots, n)$ 则空间分布 Z 的趋势面可表示为 N 次多项式:

$$\hat{z} = \sum_{i,j=0}^{N} a_{ij} x^i y^j \tag{11.2.7}$$

根据最小二乘法可求得各个参数 a_{ij}。

多项式趋势面随着 N 值的不同,其形态也不同,如图11.2.4所示。一般地讲,N 值越大,拟合精度越高。拟合精度 C 用式(11.2.8)表示,通常 C 为 60%~70%时,该多项式就能够揭示空间趋势。

(a)一次多项式

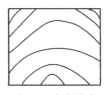
(b)二次多项式

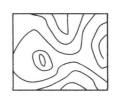
(c)三次多项式

图11.2.4 多项式插值

$$C = 1 - \frac{\sum_{i=1}^{n}(z_i - \hat{z}_i)^2}{\sum_{i=1}^{n}(z_i - \bar{z})^2} \times 100\% \quad (11.2.8)$$

3) 趋势面拟合适度的 R^2 检验

趋势面拟合适度的 R^2 检验公式为

$$R^2 = \frac{Q_R}{Q_T} = 1 - \frac{Q_D}{Q_T}, \quad Q_D = \sum_{i=1}^{n}(z_i - \hat{z}_i)^2, \quad Q_R = \sum_{i=1}^{n}(\hat{z}_i - \bar{z})^2 \quad (11.2.9)$$

式中，$Q_T = Q_R + Q_D$，Q_D 为剩余平方和，它表示随机因素对 z 的离差，Q_R 为回归平方和，它表示 P 个自变量对因变量 z 的离差的总影响。R^2 越大，趋势面的拟合度就越高。

2. 全局多项式插值程序设计

```
function [Z]=ploy2dxs(x, y, z, X, Y)
%ploy2dxs 二次多项式插值函数
%x, y, z 观测数据, X, Y 是插值点数据
%Z 为插值结果
[m0, n0]=size(x);
[m1, n1]=size(Y);
B(:, 1)=ones(m0, 1);        %形成系数阵 B
B(:, 2)=x;
B(:, 3)=y;
B(:, 4)=x.*y;
B(:, 5)=x.^2;
B(:, 6)=y.^2;
N=B'*B;
x=inv(N)*B'*z;              %求解多项式系数
for i=1: m1
    for j=1: n1
        A(i,:)=[1, X(i, j), Y(i, j), X(i, j)*Y(i, j), X(i, j)^2, Y(i, j)^2];
        Z(i, j)=A(i,:)*x;   %插值结果
    end
end
```

【例 11.2.2】 以表 11.2.1 中的数据为例进行多项式插值,结果如图 11.2.5 所示。

```
>>xi=min(x):2000:max(x);
>>yi=min(y):2000:max(y);
>>[X,Y]=meshgrid(xi,yi);
>>Z=ploy2dxs(x,y,z,X,Y);
>>contour(Z);
```

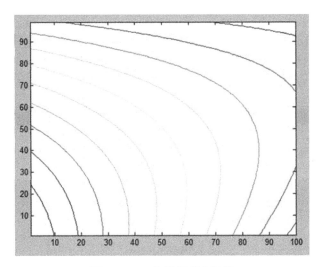

图 11.2.5 全局多项式插值

11.2.5 局部多项式插值

1. 原理方法

局部多项式插值采用多个多项式,每个多项式都处在特定重叠的邻近区域内。邻近区域是指用户规定一个有限区域,该区域的位置将随着内插点的位置变化而移动。

邻近区域建立的基本思想是:以每一个内插点为中心,利用内插点周围数据点的值,建立一个拟合曲面,通常是一个二次曲面,使其到各数据点的距离的加权平方和为最小,而这个曲面在内插点上的值就是所求的内插值。

在局部多项式插值法中,邻近区域的形状、要用到的样点数量的最大值和最小值以及区域的大小的构造都需要进行设定,所用的邻近区域内的采样点的权重随着预测点与采样点之间距离的增加而减小。因此,局部多项式插值法产生的表面更多地用来解释局部变异。

1) 曲面模型的建立

设观测值 z 与其平面坐标 x，y 存在的关系为

$$z = f(x, y) - \varepsilon \tag{11.2.10}$$

式中，$f(x, y)$ 为 z 的内插值，ε 为误差。

设

$$f(x, y) = a_0 + a_1 x + a_2 y + a_3 xy + a_4 x^2 + a_5 y^2 \tag{11.2.11}$$

为了给出式(11.2.11)的系数，需要选取内插点 Q 周围的数据点。选取的方法要根据具体的情况而定，一般有图 11.2.6 所示的三种方法。图 11.2.6(a)所示是基于点数选点的实例，点数 $n=6$。动态圆半径选点法的思路是从数据点的平均密度出发，确定圆内数据点(平均要有 10 个)，所选的点都位于以待定点为圆心以 R 为半径的圆内，其中半径 R 一般通过构造函数来确定，其公式为

$$\pi R^2 = 10 \times \frac{A}{N} \tag{11.2.12}$$

式中，N 为总点数，A 为总面积。

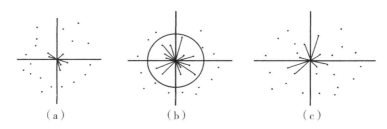

图 11.2.6　选点方法

若原始数据点均匀分布，上述方法就足够了，但是有时数据点分布并不理想。此时，上述选点原则因没有考虑点分布方向，所取的数据点集中在某一侧，其他方向取点很少或根本没有点，这时可以以待插点为中心把平面平均分成 n 个扇面，从每个扇面内取一点作加权平均，如图 11.2.6(b)所示，这就克服了数据点偏向的缺点。另外，还可以选择按方位取点法，图 11.2.6(c)所示。

2) 采样点权的确立

不同的采样点由于相对于内插点的距离不同，对每个采样点赋予权 P_i，反映该点与内插点的相关的程度。因此，对于权 P_i 确定的原则应与该数据点与内插点的距离 d_i 有关，d_i 越小，它对内插点的影响越大，权重应越大。所

以，在局部插值法中，一般采用与距离有关的权函数，常采用的权函数有如下几种形式：

$$\left.\begin{array}{l} P_i = \dfrac{1}{d_i^2} \\[2mm] P_i = \left|\dfrac{R - d_i}{d_i}\right|^2 \\[2mm] P_i = e^{\frac{-d_i^2}{k^2}} \end{array}\right\} \qquad (11.2.13)$$

式中，R 是选取点半径；d_i 是内插点到数据点的距离；k 是一个可供选择的常数；e 是自然对数的底数。这三种权的形式都符合上述选择权的原则，但需根据实际情况进行试验选权。

设选取点的坐标为 $(x_i, y_i)(i = 1, 2, \cdots, n; n \geqslant 6)$，且设 P 的坐标为 (x_P, y_P)。将 (x_i, y_i) 改化到以 P 为原点的局部坐标系中，即

$$\left.\begin{array}{l} \tilde{x}_i = x_i - x_P \\ \tilde{y}_i = y_i - y_P \end{array}\right\} \qquad (11.2.14)$$

则由 n 个数据点的值，可得到如下的方程式：

$$v_i = a_0 + a_1 \tilde{x}_i + a_2 \tilde{y}_i + a_3 \tilde{x}_i \tilde{y}_i + a_4 \tilde{x}_i^2 + a_5 \tilde{y}_i^2 - z_i \quad (i = 1, 2, \cdots, n) \qquad (11.2.15)$$

写成矩阵的形式如下：

$$Z = \begin{bmatrix} z_1 \\ z_2 \\ \vdots \\ z_n \end{bmatrix}, \quad X = \begin{bmatrix} a_0 \\ a_1 \\ \vdots \\ a_5 \end{bmatrix}, \quad V = \begin{bmatrix} \varepsilon_1 \\ \varepsilon_2 \\ \vdots \\ \varepsilon_n \end{bmatrix}$$

$$B = \begin{bmatrix} 1 & x_1 & y_1 & x_1^2 & x_1 y_1 & y_1^2 \\ 1 & x_2 & y_2 & x_2^2 & x_2 y_2 & y_2^2 \\ \vdots & \vdots & \vdots & \vdots & \vdots & \vdots \\ 1 & x_n & y_n & x_n^2 & x_n y_n & y_n^2 \end{bmatrix}$$

$$V = BX - Z$$

通过最小二乘法求解出多项式的系数 X，即

$$X = (B^\mathrm{T} PB)^{-1}(B^\mathrm{T} PV) \qquad (11.2.16)$$

由此解得系数 $a_i (i = 0, 1, \cdots, 5)$，从而得到所对应的曲面方程，进而得到所求的内插点的值。

2. 局部多项式程序设计

```
function [Z] = localploy2dxs(x, y, z, X, Y, R)
%localploy2dxs 局部多项式插值
%R 是指定的搜索半径
[m0, n0] = size(x);
[m1, n1] = size(Y);
for i = 1: m1
    for j = 1: n1
        a = m0 * n1 * (i-1) + m0 * (j-1) + 1;
        b = m0 * n1 * (i-1) + m0 * (j);
        Dis(a: b,:) = sqrt((X(i, j)-x).^2+(Y(i, j)-y).^2);
    end
end
count = 1;
for i = 1: m1
    for j = 1: n1
        a = m0 * n1 * (i-1) + m0 * (j-1) + 1;
        b = m0 * n1 * (i-1) + m0 * (j);
        if find(Dis(a: b,:) <= R)
            [m2] = find(Dis(a: b,:) <= R);
            ax = size(m2);
            B = ones(ax, 6);
            B(:, 1) = 1;
            B(:, 2) = x(m2);
            B(:, 3) = y(m2);
            B(:, 4) = x(m2).*y(m2);
            B(:, 5) = x(m2).^2;
            B(:, 6) = y(m2).^2;
            Zx = z(m2);
        end
        N = B' * B;
        xx = N \ (B' * Zx);
        A(i,:) = [1, X(i, j), Y(i, j), X(i, j)*Y(i, j), X(i, j)^2, Y(i, j)^2];
```

        Z(i, j)= A(i,:) * xx;
    end
end

【例 11.2.3】 以表 11.2.1 中的数据为例，用 localploy2dxs 进行插值，结果如图 11.2.7 所示。

>>xi = min(x): 2000: max(x);
>>yi = min(y): 2000: max(y);
>> [X, Y] = meshgrid(xi, yi);
>> Z = localploy2dxs (x, y, z, X, Y, 155000);
>>contour(Z);

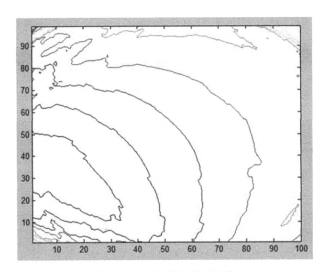

图 11.2.7　局部多项式插值

第 12 章 变形观测分析、预报及程序设计

12.1 变形观测分析与预报概述

变形体变形观测是一个复杂的系统，其含有许多非线性、不确定性等复杂因素，变形分析与预报具有一定的难度。变形观测分析包括静态分析与动态分析，预报是对变形体将来的行为和状态作出科学的判断，正确的预报应建立在对变形体的历史监测资料进行深入研究和科学分析的基础上。

12.1.1 静态变形分析

用于监测变形体变形的监测网，要查明其点位在两个观测周期之间的稳定性，进行不同时间的重复观测，对成果进行变形分析。自 20 世纪 70 年代到 90 年代初，对几何变形分析研究较为完善的是用常规地面测量技术进行周期性监测的静态模型。常用的方法有作图法、统计分析法、多元线性回归分析法、趋势分析方法。

12.1.2 动态变形分析

静态变形分析只考虑变形体在不同时刻的空间状态，并没有很好地建立各个状态间的联系。变形体不同状态之间具有时间的关联性，监测这类型变形一般采用连续的、自动记录装置，得到的是以时间为单位的观测数据，称为时间序列。例如，桥梁在动荷载作用下的振动，高层建筑物在风力、温度作用下的摆动，地壳在引潮力、温度、气压作用下的变形等，这类变形的特点是周期性的。动态变形分析既可在时域进行，也可以在频域进行，对时域和频域简单的理解是以下两个笛卡儿平面坐标系：以时间为横轴、以位移为纵轴描述时域函数的坐标系，称为时域；以频率为横坐标、以位移(振幅)为纵坐标来描述频域函数的坐标系，称为频域。

12.1.3 变形预测

人类认识世界的过程总是实践—认识—再实践—再认识，直至掌握客观世界的变化规律，从而更好地应用这些变化规律为人类服务。从大量的客观事物观察中，可以归纳出许多规律现象，如对称性和周期性等，它们是对物体预测的基础。变形预测通常是在数据序列里面寻找信息。一个预测模型的建立要尽可能符合实际体系，这个原则称为拟合原则，符合程度可以有多种标准，如最小二乘法、最大似然法、最小绝对偏差等。面对地震、滑坡以及地面沉降等地质灾害，人们认识到，变形监测只是手段，而科学预报才是目的。除了根据变形体的地质条件、力学条件以及应用变形几何分析法获得的变形量作定性的解释与预报外，越来越多的测量学者开始致力于定量的解释与描述。定量预报有两种途径：一是先通过变形观测的物理解释，建立起变形与变形原因之间的正确函数关系，再进行预报；二是直接对变形观测获得的时间序列，采用有关的数学理论与方法进行预报。

12.2 监测数据线性回归分析法

回归分析方法是一种研究变量之间相关关系的统计方法，回归预测模型是一种重要的预测方法，适合于某种预测对象与其他因素有关。变形体的变形一般是由内外因素共同作用引起的，可以通过分析大量的监测数据，找出变量之间的内部规律，即统计上的回归关系，相应的计算方法和理论称为回归分析。

12.2.1 一元线性回归模型

一元线性回归模型是针对一个自变量和一个因变量之间的近似线性关系，用一元线性方程去拟合，进而用得到的线性方程去预测，一元线性回归预测是最基本、最简单的回归预测方法，也是掌握其他回归预测方法的基础。一元线性回归的数学模型为

$$y = a + bx + \varepsilon \tag{12.2.1}$$

式中，y 为预测对象，称为因变量；x 为影响因素，称为自变量；a，b 为待定的回归系数；ε 为随机误差。

如果因变量和自变量的历史数据之间具有近似性的线性关系，即可假设它们之间具有上述函数关系。对于随机误差 ε，一般假设其服从标准正态分布，即 $\varepsilon \sim N(0, \sigma^2)$，其主要依据为概率论中的中心极限定理。

利用 MATLAB 建立回归模型时，是通过 regress(y，x)命令来实现的，该命令的理论基础是最小二乘法。调用该命令简单形式是 b = regress(y，x)，x 为输入，y 为输出。详细调用格式为[b，bint，r，rint，stats] = regress(y，x，alpha)，其中 alpha 是显著水平(此时置信度为 $100(1-\alpha)\%$)，若命令中缺省此项，则默认显著水平为 0.01。返回值 b 和 bint 分别是模型待估计参数值及每个待估参数的 $100(1-\alpha)\%$ 置信区间，r 和 rint 残差向量及其置信区间，stats 是检验回归模型的统计量，输出项包含四个数值。第一个数值是复相关系数 R^2；第二个数值是 F 统计量的值；第三个数值是与 F 统计量相对应的概率 P，当 $P<\alpha$ 时，即认为回归模型有意义，否则回归模型无意义；第四个数值是估计误差方差。

【**例 12.2.1**】 某电站船闸边坡点监测数据见表 12.2.1，按照 MATLAB 对其进行回归分析，回归结果如图 12.2.1 所示。

表 12.2.1　　　　　　　　　　某监测点数据

自变量	1.30	1.34	1.40	1.41	1.42	1.53	1.55	1.60
因变量	4.88	5.19	6.74	7.31	8.23	10.41	11.10	11.80

参考代码：

```
>> x = [1.30, 1.34, 1.40, 1.41, 1.42, 1.53, 1.55, 1.60; ones(1, 8)]';
>> y = [4.88, 5.19, 6.74, 7.31, 8.23, 10.41, 11.10, 11.80]';
>> [b, bint, r, rint, stats] = regress(y, x, 0.05)
b =  24.8630
    -27.6884
bint =  21.4220   28.3040
       -32.6680  -22.7089
r =   0.2466
     -0.4380
     -0.3797
     -0.0584
      0.6130
      0.0581
      0.2508
     -0.2923
```

```
rint = -0.5317    1.0248
       -1.2057    0.3298
       -1.2585    0.4990
       -1.0340    0.9172
       -0.1040    1.3300
       -0.8705    0.9867
       -0.6073    1.1089
       -1.0154    0.4307
stats = 0.9812   312.5924    0.0000    0.1546
```

即线性回归模型为 $\hat{y} = 24.8630x - 27.6884$。

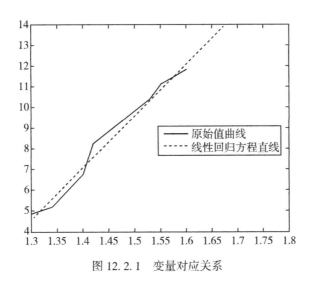

图 12.2.1 变量对应关系

12.2.2 多元线性回归模型

当预测对象 y 受到多个因素 $x_1, x_2, \cdots, x_m$ 影响时，如果这些因素与预测对象的关系近似地呈线性关系，则可建立多元线性回归模型来进行分析和预测。

多元线性回归模型为

$$y = b_0 + b_1 x_1 + b_2 x_2 + \cdots + b_m x_m + \varepsilon \tag{12.2.2}$$

其中，$\varepsilon \sim N(0, \sigma^2)$，是随机误差项；$b_0, b_1, b_2, \cdots, b_m$ 是待估参数。对于预测对象 y 和各因素 x_i 的 n 对历史数据 $(y_1; x_{11}, x_{21}, \cdots, x_{m1})$，$(y_2; x_{12},$

x_{22}, $\cdots$, x_{m2}), $\cdots$, (y_n; x_{1n}, x_{2n}, $\cdots$, x_{mn}), 通过式(12.2.2), 有
$$y_i = b_0 + b_1 x_{1i} + b_2 x_{2i} + \cdots + b_m x_{mi} + \varepsilon_i \quad (i = 1, 2, \cdots, m) \tag{12.2.3}$$

估计模型参数 $b_j (j=0, 1, 2, \cdots, m)$ 的思想仍是利用最小二乘法，让误差项的平方和最小，即求 b_j，使得

$$Q = \sum_{i=1}^{n} \varepsilon_i^2 = \sum_{i=1}^{n} (y_i - \hat{y}_i)^2 = \sum_{i=1}^{n} (y_i - b_0 - b_1 x_{1i} - b_2 x_{2i} - \cdots - b_m x_{mi})^2 \tag{12.2.4}$$

达到最小，从而使参数 $b_j (j=0, 1, 2, \cdots, m)$ 必须满足

$$\left. \begin{aligned} \frac{\partial Q}{\partial b_0} &= -2 \sum_{i=1}^{n} (y_i - b_0 - b_1 x_{1i} - b_2 x_{2i} - \cdots - b_m x_{mi}) = 0 \\ \frac{\partial Q}{\partial b_1} &= -2 x_{1i} \sum_{i=1}^{n} (y_i - b_0 - b_1 x_{1i} - b_2 x_{2i} - \cdots - b_m x_{mi}) = 0 \\ &\cdots \cdots \\ \frac{\partial Q}{\partial b_m} &= -2 x_{mi} \sum_{i=1}^{n} (y_i - b_0 - b_1 x_{1i} - b_2 x_{2i} - \cdots - b_m x_{mi}) = 0 \end{aligned} \right\} \tag{12.2.5}$$

简化整理得

$$\left. \begin{aligned} n b_0 + \left(\sum_{i=1}^{n} x_{1i}\right) b_1 + \left(\sum_{i=1}^{n} x_{2i}\right) b_2 + \cdots + \left(\sum_{i=1}^{n} x_{mi}\right) b_m &= \sum_{i=1}^{n} y_i \\ \left(\sum_{i=1}^{n} x_{1i}\right) b_0 + \left(\sum_{i=1}^{n} x_{1i}^2\right) b_1 + \left(\sum_{i=1}^{n} x_{1i} x_{2i}\right) b_2 + \cdots + \left(\sum_{i=1}^{n} x_{1i} x_{mi}\right) b_m &= \sum_{i=1}^{n} x_{1i} y_i \\ &\cdots \cdots \\ \left(\sum_{i=1}^{n} x_{mi}\right) b_0 + \left(\sum_{i=1}^{n} x_{mi} x_{1i}\right) b_1 + \left(\sum_{i=1}^{n} x_{mi} x_{2i}\right) b_2 + \cdots + \left(\sum_{i=1}^{n} x_{mi}^2\right) b_m &= \sum_{i=1}^{n} x_{mi} y_i \end{aligned} \right\} \tag{12.2.6}$$

引入矩阵 $\boldsymbol{X}$, $\boldsymbol{Y}$, $\boldsymbol{B}$:

$$\boldsymbol{X} = \begin{bmatrix} 1 & x_{11} & x_{21} & \cdots & x_{m1} \\ 1 & x_{12} & x_{22} & \cdots & x_{m2} \\ 1 & \vdots & \vdots & & \vdots \\ 1 & x_{1n} & x_{2n} & \cdots & x_{mn} \end{bmatrix}, \quad \boldsymbol{Y} = \begin{bmatrix} y_1 \\ y_2 \\ \vdots \\ y_n \end{bmatrix}, \quad \boldsymbol{B} = \begin{bmatrix} b_0 \\ b_1 \\ \vdots \\ b_m \end{bmatrix} \tag{12.2.7}$$

从而式(12.2.7)可写成

$$\boldsymbol{X}^{\mathrm{T}} \boldsymbol{X} \boldsymbol{B} = \boldsymbol{X}^{\mathrm{T}} \boldsymbol{Y} \tag{12.2.8}$$

假设 $(\boldsymbol{X}^{\mathrm{T}} \boldsymbol{X})^{-1}$ 存在，即可得到参数 $b_j (j=0, 1, 2, \cdots, m)$ 的估计为

$$\boldsymbol{B} = (\boldsymbol{X}^{\mathrm{T}} \boldsymbol{X})^{-1} \boldsymbol{X}^{\mathrm{T}} \boldsymbol{Y}$$

【例 12.2.2】 对某大坝进行位移观测，为预测最大位移量，选取了与最大位移量有关的水位和坝体温度作为自变量，以历史上若干年观测资料作为样本，用回归分析来求定预测方程。自变量与观测数据列于表 12.2.2 中。

表 12.2.2　　　　　　　　　　某大坝观测数据

序号	水位 x_{1i}	温度 x_{2i}	位移 y_i
1	6.81	6.57	15.40
2	-0.98	9.53	13.20
3	9.52	7.79	15.26
4	-6.70	12.32	11.33
5	6.52	9.88	13.32
6	5.34	8.26	14.60
7	-0.65	7.55	12.16

参考代码：

```
>> x=[1, 6.81, 6.57; 1, -0.98, 9.53; 1, 9.52, 7.79; 1, -6.70, 12.32; 1, 6.52, 9.88; 1, 5.34, 8.26; 1, -0.65, 7.55]
>> y=[15.40, 13.20, 15.26, 11.33, 13.32, 14.60, 12.16]'
>> b=regress(y, x)
b = 14.6510
    0.2007
   -0.1821
```

如果输入：

```
>> [b, bint, r, rint, stats]=regress(y, x, 0.05)
b = 14.6510
    0.2007
   -0.1821
bint =  8.5226   20.7793
       -0.0118   0.4131
       -0.8205   0.4563
r =   0.5789
      0.4811
      0.1173
```

```
                   0.2669
                  -0.8401
                   0.3816
                  -0.9857
      rint =   -1.1710      2.3288
               -1.6094      2.5715
               -1.8481      2.0826
               -0.9218      1.4557
               -1.9772      0.2969
               -1.8263      2.5895
               -1.4336     -0.5377
      stats = 0.8289    9.6863    0.0293    0.6187
```

故 $b_0 = 14.6510$，$b_1 = 0.2007$，$b_2 = -0.1821$，即回归方程为

$$\hat{y} = 14.6510 + 0.2007x_1 - 0.1821x_2$$

12.3　监测数据非线性曲线预测模型

在变形监测数据处理中，自变量和因变量之间的内在关系通常并不是呈线性的，于是选择恰当类型的曲线较直线更符合实际情况。因此，需要根据理论或经验确定两个变量之间的函数类型，然后通过对自变量或因变量进行适当的变量变换，将曲线方程化为直线方程，便可用线性回归方法分析。常用的初等函数模型有幂函数、指数函数、对数函数、双曲函数和多项式函数。这些函数都是非线性函数。本节以双曲函数模型为例说明非线性预测模型的应用。

双曲线函数的一般模型为

$$\frac{1}{y} = a + b\frac{1}{x} + \varepsilon \tag{12.3.1}$$

式中，$\varepsilon \sim N(0, \sigma^2)$；$a$，$b$ 为待估参数；x，y 分别为自变量和因变量。对于历史数据 (x_1, y_1)，(x_2, y_2)，…，(x_n, y_n)，如果根据散点图发现近似双曲线，则可利用式(12.3.1)进行预测。参数估计，令 $y' = 1/y$，$x' = 1/x$，则有

$$y' = a + bx' + \varepsilon \tag{12.3.2}$$

式中，$\varepsilon \sim N(0, \sigma^2)$，这是典型的一元线性回归方程，即模型式(12.3.1)的分析通过对其历史数据取倒数变换，转化为线性回归方程。

【例 12.3.1】 某建筑物进行 14 期沉降观测，预测第 15 期沉降情况，监

测结果见表 12.3.1，图 12.3.1 是预测图形。

表 12.3.1 监测沉降结果

期数	沉降量(mm)	期数	沉降量(mm)
1	19.25	8	29.97
2	24.63	9	31.47
3	28.73	10	31.77
4	28.52	11	31.81
5	29.11	12	32.41
6	30.02	13	31.82
7	29.80	14	32.72

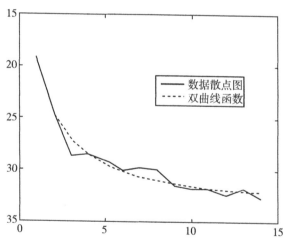

图 12.3.1 自变量和因变量关系

建立文件名为 fundaoshu.M 的矩阵求倒数函数：
```
function [f1, f2] = fundaoshu(y, x)
f1 = 1./y;
f2 = 1./x;
end
```
在 MATLAB 的命令流中输入：
>> y = [19.25, 24.63, 28.73, 28.52, 29.11, 30.02, 29.80, 29.97, 31.47, 31.77, 31.81, 32.41, 31.82, 32.72]';

>> x = [1, 2, 3, 4, 5, 6, 7, 8, 9, 10, 11, 12, 13, 14; ones(1, 14)]';
>> [yy, xx] = fundaoshu(y, x);   %调用求倒数函数
>> b = regress(yy, xx, 0.05)
b = 0.0221
    0.0295

建立模型为 $y' = 0.0295 + 0.0221x'$，最后得到双曲线预测模型为 $1/y = 0.0295 + 0.0221/x$。

12.4　时间序列预测常用方法

时间序列预测方法，是一种历史资料延伸预测，主要有趋势外推和季节变动预测两类。趋势曲线预测是长期预测的主要方法，它是根据时间序列的发展变化趋势，配合合适的趋势曲线模型，利用模型来推测未来的趋势值。常用的趋势曲线模型有指数曲线模型、多项式曲线模型和成长曲线模型等。进行季节的分析和预测时，首先应该分析时间序列是否呈季节性变动，在确定存在季节性变动后，考虑到时间序列还受长期趋势、周期波动和不规则变动影响，所以还应设法剔除上述因素的影响，以测定季节变动。常见的季节预测方法有平均趋势整理法、趋势比例法、环比法和温特斯法等。

12.4.1　一次指数平滑法

移动平均法优点是计算简单，适用于短期预测，但缺点是需要的数据量大。一次指数平滑预测法是从一次移动平均预测法改进而来的，用指数平滑法进行趋势预测，需要解决好两个问题：一是初始值的确定；二是加权系数的确定。

设时间序列为 $x_1, x_2, \cdots, x_N$，一次指数平滑数列的递推公式为

$$\begin{cases} S_t^1 = ax_t + (1-a)S_{t-1}^1 & 0 < a < 1, 1 \leqslant t \leqslant N \\ S_0^1 = x_1 \end{cases} \quad (12.4.1)$$

式中，S_t^1 表示第 t 时刻的一次指数平滑值；a 称为平滑系数。递推公式 (12.4.1) 中，初始值 S_0^1 常用时间序列的首项 x_1，如果历史数据较少，如在 20 个数据及以下时，可以选用最初几期历史数据的平均值作为初始值 S_0^1。

讨论平滑系数 a，将递推公式 (12.4.1) 展开得

$$S_t^1 = ax_t + (1-a)S_{t-1}^1 = ax_t + (1-a)[ax_{t-1} + (1-a)S_{t-2}^1]$$
$$= ax_t + a(1-a)x_{t-1} + (1-a)^2 S_{t-2}^1$$
$$\cdots\cdots \quad (12.4.2)$$
$$= ax_t + a(1-a)x_{t-1} + a(1-a)^2 x_{t-2} + \cdots$$
$$+ a(1-a)^{t-1}x_1 + (1-a)^t S_0^1$$

分析式(12.4.2)可知，由于 $0<a<1$，x_i 的系数 $a(1-a)^i$ 随着 i 的增加而递减。注意到这些系数之和为 1，即

$$\sum_{i=1}^{t} a(1-a)^{i-1} + (1-a)^t = a\frac{1-(1-a)^t}{1-(1-a)} + (1-a)^t = 1$$
$$(12.4.3)$$

于是，递推公式(12.4.1)中的 S_t^1 就是样本值 $x_1, x_2, \cdots, x_N$ 的一个加权平均，当用递推公式(12.4.1)进行预测时，将用 S_t^1 作用 $t+1$ 时刻的预测值。根据以上讨论可以看到，离预测时刻 $t+1$ 最近的点 t 的值 x_t 的权 a 最大，其次为 x_{t-1} 的权 $a(1-a)\cdots\cdots x_1$ 的权最小。可见，公式(12.4.1)是在新近数据对未来影响大、远期数据对未来影响小的情况下对原时间序列的加权平均。

综上可得，$0<a<1$ 且比较接近 1 时，计算得到的一次指数平滑值对原历史数据的修匀程度将较小，平滑后的数列值 S_t^1 能够较快地反映出原时间序列的实际变化。因此，对于变化较大或趋势性较强的时间序列，变化反应较迟钝，对于变化较小或接近平稳的时间序列，应选择比较靠近零的平滑系数，使得平滑过程中各数据的权数比较接近。

一次指数平滑法适用于变化比较平稳的时间序列作短期的预测。第 $t+1$ 时刻的预测值 y_{t+1} 等于按递推公式(12.4.1)计算的第 t 时刻点的一次指数平滑 S_t^1，即 $y_{t+1} = S_t^1$。类似移动平均法，同一个问题，随着平滑系数 a 的不同，可以有若干个一次指数平滑预测值。因此，应该在一个合适的评价标准基础上选择一个合理的平滑系数 a。其方法是：首先计算与在原则上合理的多个平滑系数 a 相对应的平滑数列，然后分析计算其均方差 MSE 或计算其平均绝对误差 MAD，以 MSE 或 MAD 最小者对应的平滑系数及其预测值为最合理，即

$$\text{MAD} = \frac{1}{N}\sum_{i=1}^{N}|e_t|$$

而
$$e_t = x_t - S_{t-1}^1 = x_t - y_t \quad (12.4.4)$$

式中，e_t 反映了各个时刻点的平滑值 S_{t-1}^1 与实际值 x_t 之间的误差。计算误差数列 e_t 的自相关系数 r_t，若统计量

$$Q = (N-1)\cdot\sum_{t=1}^{m} r_t^2 < \chi_\alpha^2(m-1) \quad (12.4.5)$$

则说明误差数列具有随机性，认为此时的预测是有效的。一次指数平滑法的计算、检验及预测的 MATLAB 程序见例 12.4.1。

【**例 12.4.1**】 某监测点 2004 年 10 个月的位移值如表 12.4.1 所示，预测 2004 年 11 月份的位移值。利用 funesm1.m 计算的部分结果如下。其他部分数据见表 12.4.1，程序中令 $S_0^1 = x_1 = 423$，取 $L_0 = 0.1$，$L_1 = 0.05$，$L_2 = 0.95$，$m = 7$，$\alpha = 0.05$，对应的误差 e_t 也列于表 12.4.1。

表 12.4.1　　　　　历史数据、一次指数平滑值及误差值

月	0	1	2	3	4	5	6	7	8	9	10
序号	0	1	2	3	4	5	6	7	8	9	10
x_t		423	358	434	445	527	429	426	502	480	385
$S_t^1(a=0.1)$	423.0	423.0	416.5	418.3	420.9	431.5	431.3	430.8	437.9	442.1	436.4
$e_t(a=0.1)$		0.0	-65.0	17.5	26.8	106.1	-2.5	-5.3	71.2	42.1	-57.1
$S_t^1(a=0.2)$	423.0	423.0	410.0	414.8	420.8	442.1	439.5	436.8	449.8	455.9	441.7
$e_t(a=0.2)$		0.0	-65.0	24.0	30.2	106.2	-13.1	-13.5	65.2	30.2	-70.9
$S_t^1(a=0.3)$	423.0	423.0	403.5	412.7	422.4	453.7	446.3	440.2	458.8	465.1	441.1
$e_t(a=0.3)$		0.0	-65.0	30.5	32.4	104.6	-24.7	-20.3	61.8	21.2	-80.1

```
>>x=[423, 358, 434, 445, 527, 429, 426, 502, 480, 385];
>>funesm1(x, 0.01, 0.05, 0.95, 7, 0.05)
The smallest MAD and the corresponding a and forcast
MAD = 39.3598
k = 1
a = 0.1000
y = 436.3797
```

即取平滑系数 $a=0.1$ 是合适的，此时的预测值是 $y=436.380$。输入时间序列 x，平滑系数初值 L_0，步长 L_1，终值 L_2。输入判断误差是否为随机误差时需要计算的自相关系数个数 m，显著水平 alpha。

funesm1.m

```
function ESM1=funesm1(x, L0, L1, L2, m, alpha)
s=zeros(round((L2-L0)/L1), length(x));
e=zeros(1, length(x));
```

```
MAD=zeros(1, round((L2-L0)/L1));
k=0;
for a=L0: L1: L2
    k=k+1
    s(k, 1)=x(1);
    for i=2: length(x)
    s(k, i)=a*x(i)+(1-a)*s(k, i-1);
    e(i)=x(i)-s(k, i-1);
    end
    s(k,:), e
    funcoef(e, m, alpha);
    MAD(k)=mean(abs(e));
end

disp('The smallest MAD and the corresponding a and forcast')
%MAD
[MAD, k]=min(MAD)
a=L0+L1*(k-1), y=s(k, length(x))
end
```

funcoef. m

```
function r=funcoef(x, m, alpha)
u=0; v=0;
r=zeros(1, m);
for k=1: m;

    for t=1: length(x)-k;
    u=u+(x(t)-mean(x))*(x(t+k)-mean(x));
    end

    for t=1: length(x);
    v=v+(x(t)-mean(x))^2;
    end

    r(k)=u/v;          %得到自相关系数
```

```
        u = 0; v = 0;
    end
    Q = length(x) * sum(r.^2);           %判断时间序列随机性
    chi2 = chi2inv(1-alpha, m-1);
    if Q <= chi2
        fprintf('These data are stochastic')
    else
        fprintf('These data are not stochastic')
    end
```

12.4.2 二次指数平滑法

对于呈现出线性趋势的时间序列，在一次指数平滑数列的基础上用同一个平滑系数 a 再进行一次指数平滑，就是二次指数平滑，构成二次指数平滑数列 S_t^2 的递推公式如下：

令初始值 $S_0^2 = S_0^1 = x_1$ (也可取其他值作为初始值)，则有

$$\left. \begin{array}{l} S_t^1 = ax_t + (1-a)S_{t-1}^1 \\ S_t^2 = aS_t^1 + (1-a)S_{t-1}^2 \end{array} \right\} \tag{12.4.6}$$

二次指数平滑的目的是对原时间序列进行两次修匀，使得其不规则变动或周期变动尽量消掉，让时间序列的长期趋势性更能显现出来。对于平滑系数，同样面临合理的选取问题。其方法与一次指数平滑法一样，先选取原则上较合理的多个 a 值分别计算，得到不同的数列 S_t^1、S_t^2，再根据均方误差 MSE 或 MAD 最小原则确定较为合理的 a 值，并得到相应的二次指数平滑值。一般时间序列较平稳，a 值可小些，通常取 $a \in (0.05, 0.30)$，若时间序列数据起伏较大，则 a 值应取较大的值，通常取 $a \in (0.75, 0.95)$。

由于二次指数平滑较适用于具有线性趋势的时间序列，可用如下的直线趋势模型来预测：

$$y_{t+T} = a_t + b_t \cdot T \tag{12.4.7}$$

式中，y_{t+T} 为 $t+T$ 期的预测值，t 为当前时期数，T 为当前时期数 t 到预测期的时期数；a_t，b_t 满足：

$$a_t = S_t^1 + (S_t^1 - S_t^2) = 2S_t^1 - S_t^2, \quad b_t = \frac{a}{1-a}(S_t^1 - S_t^2) \tag{12.4.8}$$

预测模型的有效性检验方法与一次指数平滑法一样，即通过自相关系数或 χ^2 检验方法进行检验，利用二次指数平滑法预测具有线性趋势性的时间序列的基本步骤如下：

(1)根据历史数据(时间序列)按照式(12.4.1)计算一次指数平滑值;
(2)根据式(12.4.6)计算二次指数平滑值;
(3)由式(12.4.8)计算 a_t, b_t, 并由式(12.4.7)计算自时刻起点的先前时期的预测值。

【例 12.4.2】 某高层建筑物沉降观测,得十期观测结果。观测数据和一次及二次平滑预测见表 12.4.2。

表 12.4.2　　　　观测数据、二次指数平滑值及误差

期数		1	2	3	4	5	6	7	8	9	10
x_t		10.1	10.7	11.2	11.7	12.1	12.3	12.2	12.6	13.2	13.7
S_t^1	10.1	10.10	10.64	11.14	11.64	12.05	12.28	12.21	12.56	13.14	13.64
S_t^2	10.1	10.10	10.59	11.09	11.59	12.01	12.25	12.21	12.53	13.08	13.59
a_t			10.69	11.20	11.70	12.10	12.30	12.20	12.60	13.20	13.70
b_t			0.49	0.50	0.50	0.42	0.24	-0.04	0.31	0.55	0.51
y_t				11.18	11.70	12.20	12.52	12.54	12.17	12.91	13.75
e_t				0.02	0.00	-0.10	-0.22	-0.34	0.43	0.29	-0.05

```
>> x = [10.1, 10.7, 11.2, 11.7, 12.1, 12.3, 12.2, 12.6, 13.2, 13.7]
>>funesm2(x, 0.90, 0.05, 0.90, 4, 0.05)
T = ?
```

当 T 输入 1 时, ans = 14.21; 当 T 输入 6 时, ans = 16.77。即有,第 11 期的预测值为 y = 13.70+0.51 * 1 = 14.21; 第 16 期的预测值为 y = 13.70+0.51 * 6 = 16.77。

funesm2. m
```
function ESM2 = funesm2(x, L0, L1, L2, m, alpha)
T = input('T = ')
s1 = zeros(round((L2-L0)/L1), length(x));
s2 = zeros(round((L2-L0)/L1), length(x));
a2 = zeros(round((L2-L0)/L1), length(x));
```

```
b2=zeros(round((L2-L0)/L1), length(x));
y=zeros(round((L2-L0)/L1), length(x)+T);
e2=zeros(round((L2-L0)/L1), length(x));
MAD2=zeros(1, round((L2-L0)/L1)); k=0;
for a= L0: L1: L2
    k=k+1;
    s1(k, 1)=x(1);
    s2(k, 1)=x(1);
    for i=2: length(x)
        s1(k, i)=a*x(i)+(1-a)*s1(k, i-1);
        s2(k, i)=a*s1(k, i)+(1-a)*s2(k, i-1);
        a2(k, i)=2*s1(k, i)-s2(k, i);
        b2(k, i)=(s1(k, i)-s2(k, i))*(a/(1-a));
        y(k, i+T)=a2(k, i)+b2(k, i)*T;
        if i+T<=length(x)
            e2(k, i+T)=x(i+T)-y(k, i+T);
        end
    end
    's1: ', s1(k,:), 's2: ', s2(k,:), 'a2: ', a2(k,:), 'b2: ', b2(k,:), 'y: ', y(k,:), 'e2: ', e2(k,:),
    funcoef(e2(k,:), m, alpha);
    MAD2(k)=mean(abs(e2(k,:)));
end
MAD2; [MAD2, k]=min(MAD2);
a=L0+L1*(k-1), y(k, length(x)+T)
end
```

参 考 文 献

[1] 边少锋. 大地坐标系与大地基准[M]. 北京：国防工业出版社, 2005.
[2] 董霖. MATLAB 使用详解[M]. 北京：电子工业出版社, 2009.
[3] 蒲俊, 吉家锋, 伊良忠. MATLAB6.0 数学手册[M]. 上海：浦东电子出版社, 2002.
[4] 葛永慧, 夏春林, 魏峰远. 测量平差基础[M]. 北京：煤炭工业出版社, 2007.
[5] 侯建国, 王腾军. 变形监测理论与应用[M]. 北京：测绘出版社, 2008.
[6] 金雪汉, 尹长林. GPS 高程转换中的函数模型逼近研究[J]. 长沙电力学院学报(自然科学版), 2005(2)：81-83.
[7] 刘湘南, 黄方, 王平. 空间分析原理与方法[M]. 北京：科学出版社, 2008.
[8] 李海涛, 邓樱. MATLAB 程序设计教程[M]. 北京：高等教育出版社, 2002.
[9] 李裕伟, 任效颖, 杨丽沛. 二维地质统计学[M]. 北京：地质出版社, 1994.
[10] 李新, 程国栋, 卢玲. 空间内插方法比较[J]. 地球科学进展, 2000, 15(3)：260-262.
[11] 孙洪泉. 地质统计学及其应用[M]. 徐州：中国矿业大学出版社, 1990.
[12] 王建民, 葛永慧. 矿井导线管理系统的设计与实现[J]. 太原理工大学学报, 2004(5)：558-560.
[13] 王建民, 杨晓琴. 融合两种方法内插格网 DEM[J]. 太原理工大学学报, 2008(S1)：63-65.
[14] 王建民, 王发祥. 高速铁路平面控制网测量数据处理方法研究[J]. 工程勘察, 2011, 39(3)：86-89.
[15] 王建民. 基于 Kring 下的移动曲面高程拟合法研究[J], 测绘科学, 2012(4)：160-161.
[16] 王建民, 张锦, 邓增兵, 等. 时空 Kriging 插值在边坡变形监测中的应用

[J]. 煤炭学报, 2014, 39(5): 874-879.

[17] 吴宗敏. 散乱数据拟合的模型、方法和理论[M]. 北京: 科学出版社, 2007.

[18] 姚吉利. 平面坐标转换物理意义解释和转换参数直接计算[J]. 金属矿山, 2006(12): 43-45.

[19] 姚连璧, 周小平. 基于MATLAB的控制网平差程序设计[M]. 上海: 同济大学出版社, 2006.

[20] MATLAB绘图. [Online] Available: http://blog.csdn.net/wangcj625/article/details/6287735, 2011-03-30.

[21] MATLAB曲线拟合工具箱CFTOOL实例解析. [Online] Available: http://blog.sina.com.cn/s/blog_4d4afb6d0100t37n.html, 2011-04-14.